大きな字でわかりやすい

iPad 超入門

アイパッド

［改訂２版］

［著］
リンクアップ

技術評論社

本書の使い方

本書の各セクションでは、手順の番号を追うだけで、iPadの各機能の使い方がわかるようになっています。

このセクションで使用する基本操作の参照先を示しています

小さくて見えにくい部分は、←を使って拡大して表示しています

基本操作を赤字で示しています

Section 24 よく見るウェブページを登録しよう

●第3章 インターネットのウェブページを見よう

よく見るウェブページをブックマークに登録しておくと、アドレスを入力することなくかんたんにウェブページを表示できるようになります。

●操作に迷ったときは…… タップ 18ページ

1 58～59ページを参考に、よく見るウェブページを表示します

2 をタップします

3 <ブックマークを追加>をタップします

ブックマークの登録以外にも、ウェブページのURLをメールに添付したり、Facebookに投稿したりできます

60

上から順番に読んでいくと、操作ができるようになっています。解説を一切省略していないので、迷うことがありません！

操作の補足説明を示しています

ほとんどのセクションは2ページでスッキリと終わります

操作の補足や参考情報として、コラム（Column、解説）を掲載しています

大きな字でわかりやすい iPad超入門［改訂2版］

第4章　写真や動画を楽しもう　65

第5章　メールを使いこなそう　83

第6章　アプリを使ってみよう　97

第7章　いろいろなアプリを楽しもう　117

付録

ご注意：ご購入・ご利用の前に必ずお読みください

- 本書に記載された内容は、情報の提供のみを目的としています。したがって、本書を用いた運用は、必ずお客様自身の責任と判断によって行ってください。これらの情報の運用の結果について、技術評論社および著者はいかなる責任も負いません。
- ソフトウェアに関する記述は、特に断りのない限り、2018年3月現在での最新バージョンをもとにしています。ソフトウェアはバージョンアップされる場合があり、本書での説明とは機能内容や画面図などが異なってしまうこともあり得ます。あらかじめご了承ください。
- 本書の内容については、以下のiOSおよび機種に基づいて操作の説明を行っています。これ以外のiOSおよび機種では、手順や画面が異なる可能性があります。あらかじめご了承ください。

  iOS 11.3

  iPad Pro
- インターネットの情報については、アドレス（URL）や画面などが変更されている可能性があります。ご注意ください。

以上の注意事項をご承諾いただいた上で、本書をご利用願います。これらの注意事項をお読みいただかずに、お問い合わせいただいても、技術評論社は対応しかねます。あらかじめご承知おきください。

第1章 iPadの基本を知ろう

iPad（アイパッド）は、インターネットを使ったり、メールやテレビ電話でやりとりできたりと、さまざまな機能を備えたタブレット端末です。この章では、基本の知識や操作を覚えましょう。

1

Section 01 iPadって何ができるの？

iPadは、インターネットやメールの送受信などをタッチ操作でかんたんに行えるタブレット端末です。ほかにも、音楽を聴いたり、動画を観たりすることなどもできます。iPadには、大きさの違う3種類があります。

iPadでできること

iPadを使えば、インターネットやメールを楽しむことができます。さらに、「アプリ」と呼ばれる拡張機能を追加していくことで、自分の好みに合わせてより便利に使うことも可能です。

インターネット

メール

動画

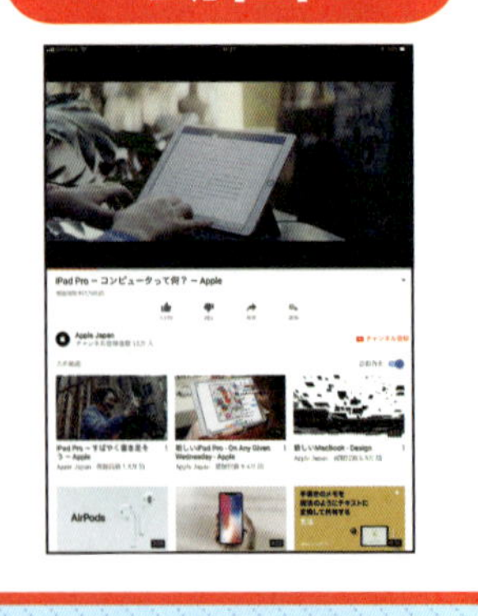

音楽

地図

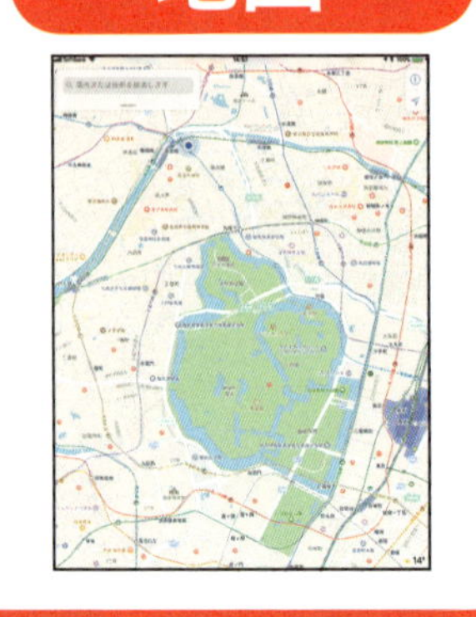

iPad の種類

2018年2月現在、大きく分けて3種類のiPadが発売されています。データの容量や画面の大きさが異なるので、購入時はよく検討しましょう。

● iPad

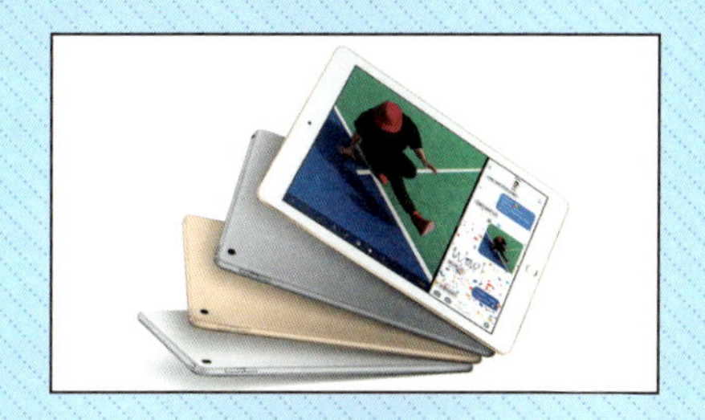

9.7インチの画面でインターネットや動画などを楽しめるモデルです。iPad Proと比べ性能は劣りますが、手頃な価格で購入できます。

● iPad mini4

一回りサイズが小さくなったモデルです。iPadと比べて性能に大きな違いはないため、携帯性を重視する人はこちらを購入しましょう。

● iPad Pro

10.5インチ/12.9インチの大画面が特徴の、2018年2月現在で最新のモデルです。専用のキーボードやペンを使うことで、より便利に使えます。

おわり

Wi-Fi モデルとWi-Fi+Cellular モデル

上記の機種にはそれぞれ、Wi-Fi（ワイファイ）モデルとWi-Fi＋Cellular（ワイファイ＋セルラー）モデルがあります。主に自宅だけでインターネットを利用するならWi-Fi モデル、外出先でもインターネットを利用したいならWi-Fi+Cellularモデルを選びましょう。Wi-Fi+Cellularモデルは、携帯電話と同じようにどこでもインターネットを利用できます。

Section 02 iPadを使うために必要な「Wi-Fi」って？

iPadを十分に活用するには、Wi-Fiネットワークを通じてインターネットに接続できる環境が欠かせません。ここでは、Wi-Fiに接続する方法を見ていきましょう。

インターネットを利用するために、iPad本体にケーブルをつなげる必要はありません。iPadでは、Wi-Fi（ワイファイ）と呼ばれる方式を用いて、無線でインターネットに接続します。Wi-Fiを通じたインターネット接続の環境を用意するには、大きく分けて以下の2通りの方法があります。

●家庭のWi-Fiルーターに接続する方法

プロバイダー（接続業者）と契約して回線工事を行い、LANケーブルをWi-Fiルーターにつないで設定します。その後、Wi-FiルーターとiPadを接続します。

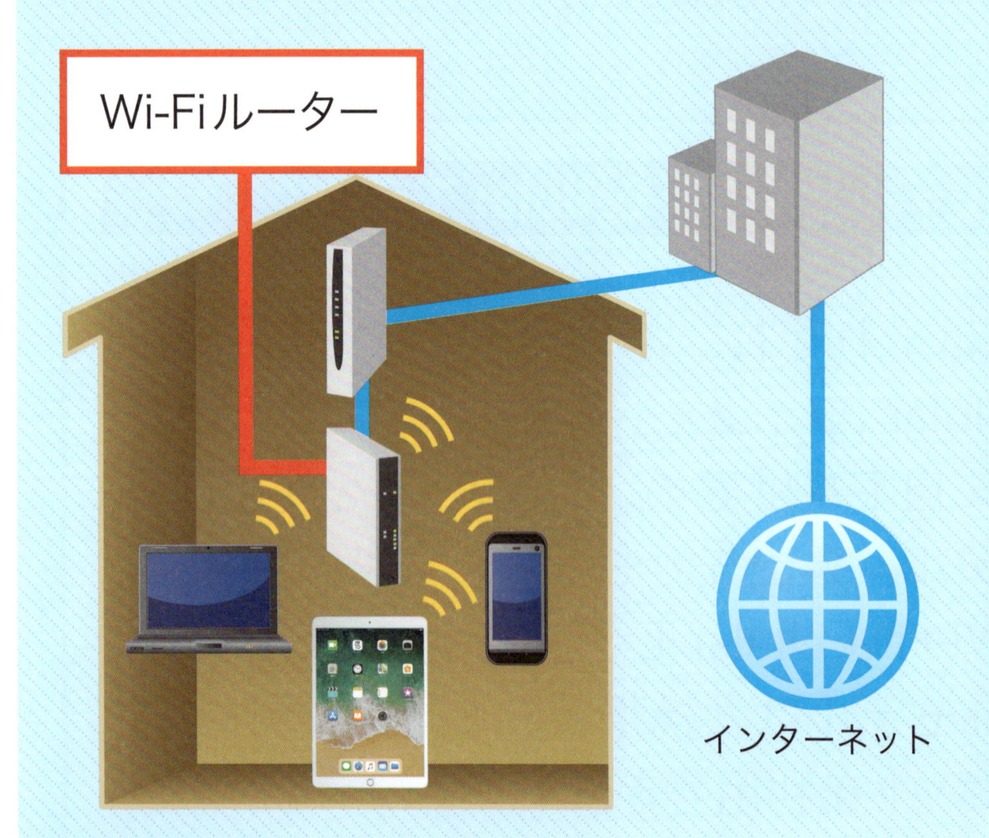

長所

・回線が安定している

短所

・家の外では使えない

●モバイルWi-Fiルーターに接続する方法

持ち歩くことができるモバイルWi-Fi対応ルーターを使って、インターネットに接続します。工事の必要はありませんが、通信事業者と契約する必要があります。

長所

- 外出先でも使用できる
- 工事不要ですぐに使える

短所

- 場所によっては電波が安定しない

おわり

Column iPadとWi-Fi

iPadではインターネットを利用するとき以外にも、撮影した写真をメールに添付して相手に送るときや、アプリを追加するときなどにWi-Fiへ接続する必要があります。

iPadでWi-Fiに接続する方法については、付録6を参照してください。

なお、最近は、プロバイダーや電機メーカーなどによるWi-Fi設定サービスもあるので、設定方法がよくわからない場合には利用してみるとよいでしょう。

Section 03 iPadの各部名称を知ろう

iPadを使いこなすための第一歩として、各部の名称を知っておくことが大切です。万が一不具合や故障が起こったときなどに、説明したり調べたりできるよう、あらかじめしっかり覚えておきましょう。

前面

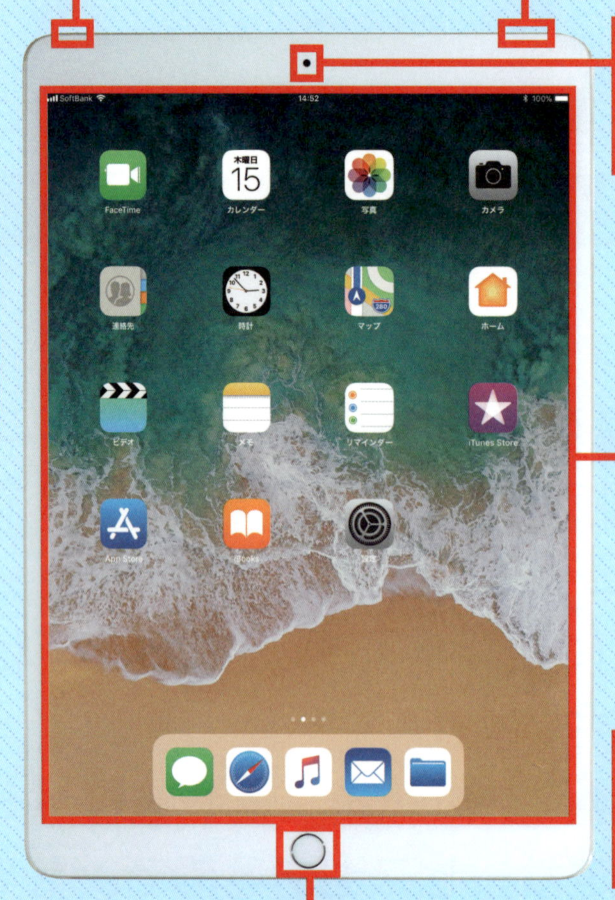

❶ヘッドセットジャック

❷スリープ／スリープ解除ボタン

❸FaceTime HD カメラ

❹マルチタッチディスプレイ

❺ホームボタン／Touch ID センサー

ここではiPad Proを例に挙げていますが、機種によってはボタンなどの位置や色が異なる場合があります

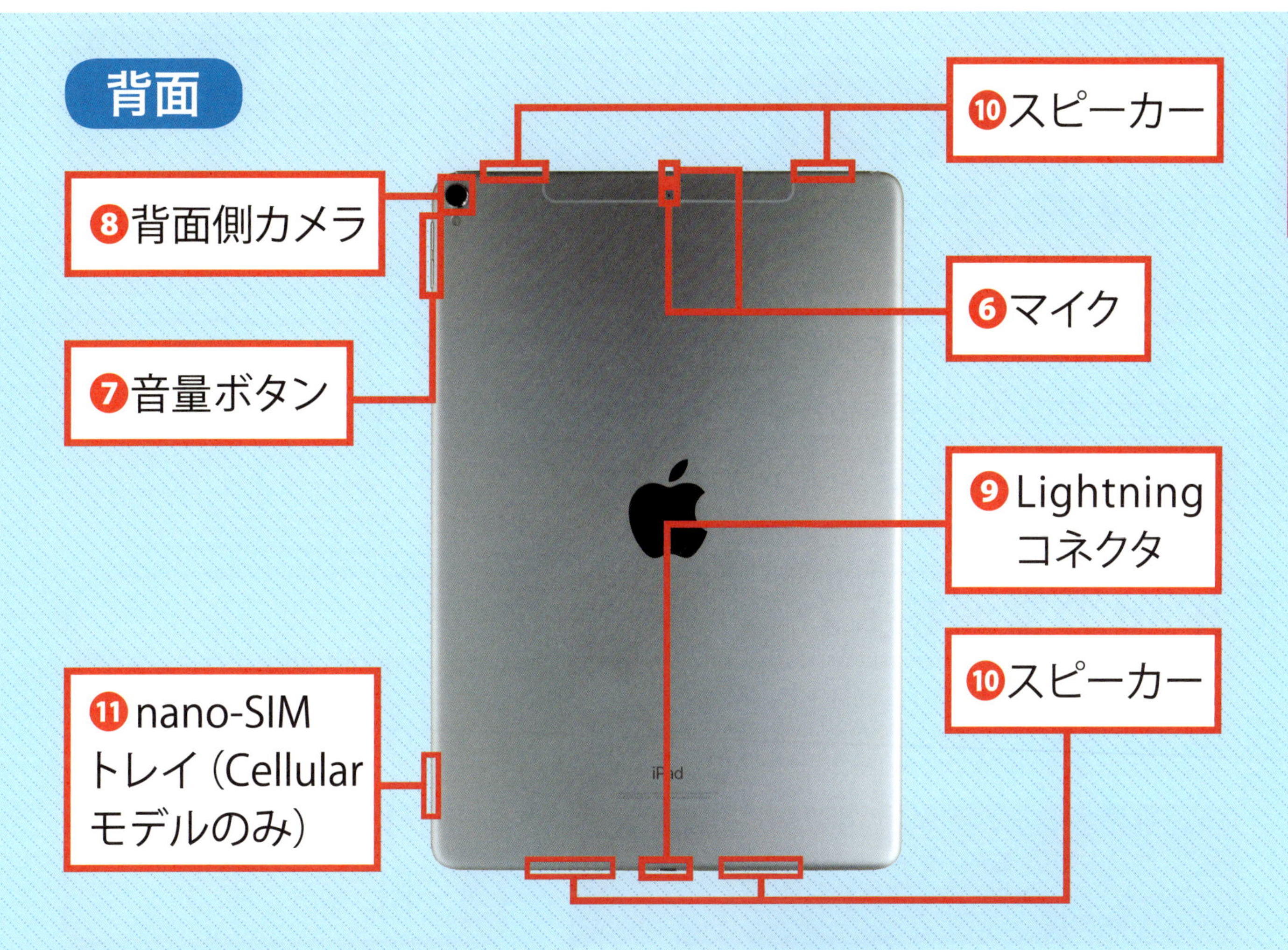

❶ ヘッドセットジャック
イヤホンやヘッドホンのプラグを差し込む場所です。

❷ スリープ／スリープ解除ボタン
iPadの電源ボタンです。

❸ FaceTime HD カメラ
iPadの前面に搭載のカメラです。

❹ マルチタッチディスプレイ
iPad の画面です。

❺ ホームボタン／Touch ID センサー
ホーム画面（22ページ参照）に戻ることができます。

❻ マイク
内蔵のマイクです。

❼ 音量ボタン
上部を押せば音量が大きく、下部を押せば音量が小さくなります。

❽ 背面側カメラ
iPadの背面に搭載のカメラです。

❾ Lightningコネクタ
パソコンや電源につなげるケーブルを差し込む場所です。

❿ スピーカー
iPad のスピーカーです。

⓫ nano-SIMトレイ
Cellularモデルにのみ搭載の、「Apple SIM」というSIMカードが内蔵されているトレイです。

おわり

Section 04 iPadの電源を入れよう

iPadの電源を入れて、実際に使える状態にすることを「iPadを起動する」といいます。バッテリーを十分に充電したら、iPadを起動しましょう。

●操作に迷ったときは…… 各部名称 14ページ タップ 18ページ スワイプ 19ページ

iPadの電源を入れる

1 スリープ／スリープ解除ボタンを押し続けます

2 ロゴマークが表示され、しばらく待つとiPadが起動します

「こんにちは」と大きく表示された場合は初期設定が必要です。付録1を参照してください

iPadのロックを解除する

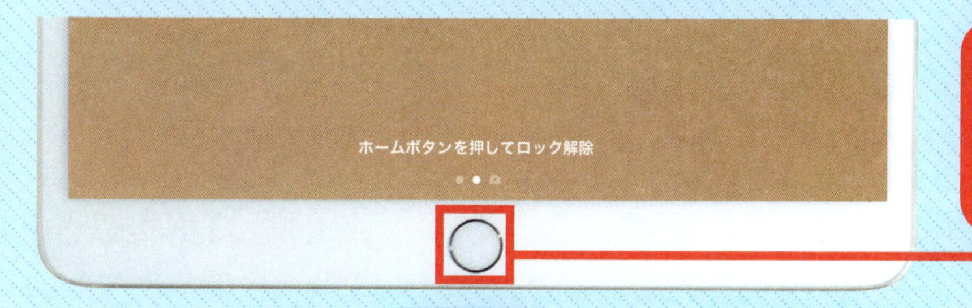

1 ホームボタンを押します

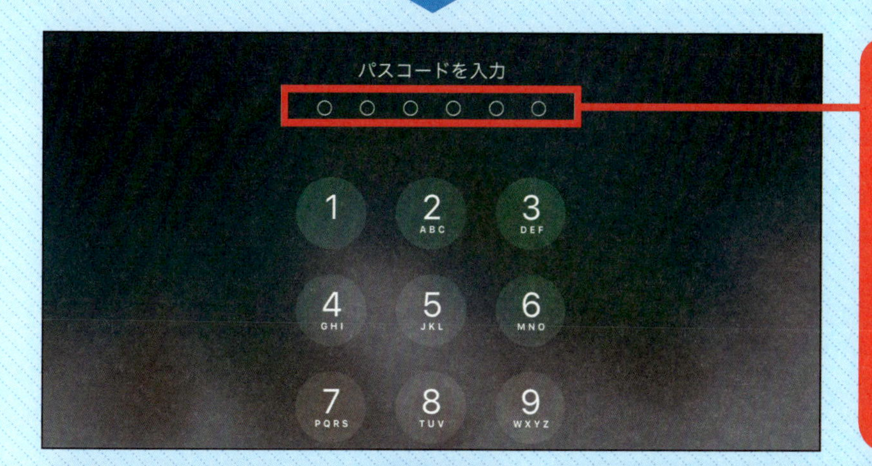

2 パスコードを設定している場合は、数字をタップ（18ページ参照）して入力します

3 ロックが解除されホーム画面に切り替わります

おわり

Column iPadの電源を切るには？

iPadの起動中にスリープ／スリープ解除ボタンを押すと、iPadがスリープモードになります。スリープ／スリープ解除ボタンを押し続けて、<スライドで電源オフ>スライドバーを右端までスワイプ（19ページ参照）すると、iPadの電源が切れます。

Section 05 iPadの基本操作を覚えよう

起動後、iPadは画面に指で触れて操作します。ここでは、よく使う指の動きを覚えていきましょう。

●操作に迷ったときは……ホームボタン 14ページ

タップでアイコンを選ぶ

画面の任意の箇所を指で軽くたたく操作のことを、「タップ」といいます。iPadではもっとも使う機会の多い操作です。主に何かを選択したり決定したりするときに使用します。

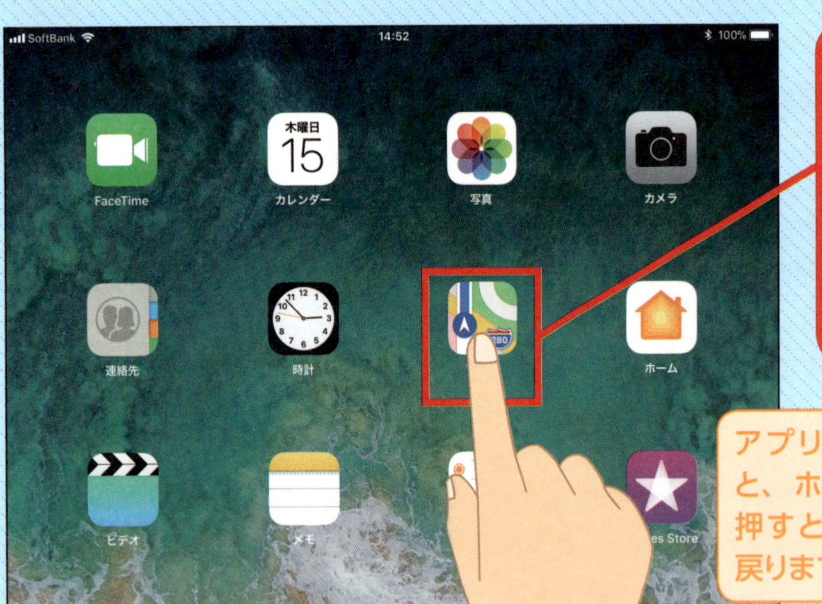

1 ホーム画面からアプリのアイコンを指でたたきます（タップ）

アプリを起動したあと、ホームボタンを押すとホーム画面に戻ります

2 タップしたアプリが起動します

！ここでは「マップ」アプリを起動しています

スワイプで画面を動かす

画面の任意の箇所に触れたまま、なぞるように指を動かす操作のことを、「スワイプ」といいます。iPadのロックを解除したり、画面の表示を移動させたりするときなどに使用します。

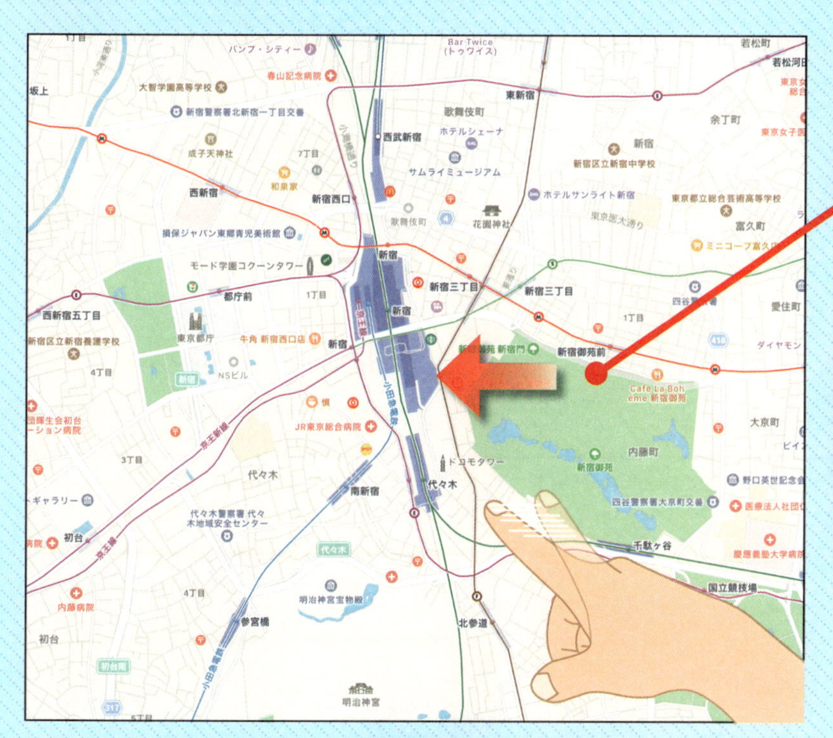

1 画面の任意の箇所に触れます

2 なぞるように指を動かします（スワイプ）

場所または住所を検索します

3 動かした方向に画面が移動します

Safariでウェブページを見るときも、スワイプで表示位置を移動できます

次へ

ピンチで画面を拡大／縮小する

指先同士をつまむように近付けていく操作を「ピンチクローズ」といい、画面を縮小するのに使用します。

その逆に遠ざけていく操作を「ピンチオープン」といい、画面を拡大するのに使用します。

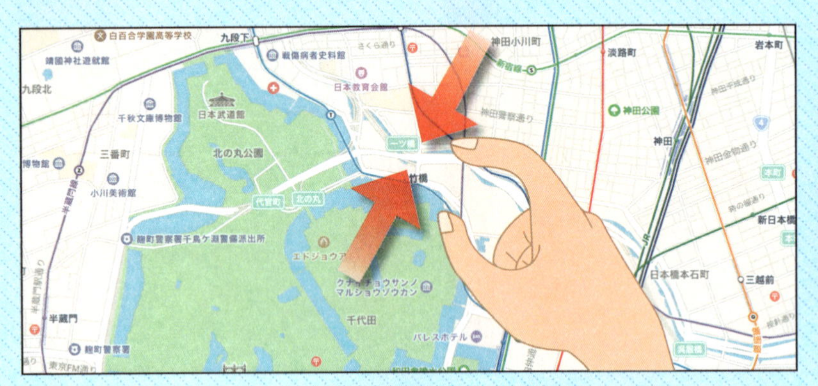

1 2本の指で画面を押さえ、つまむように近付けていきます

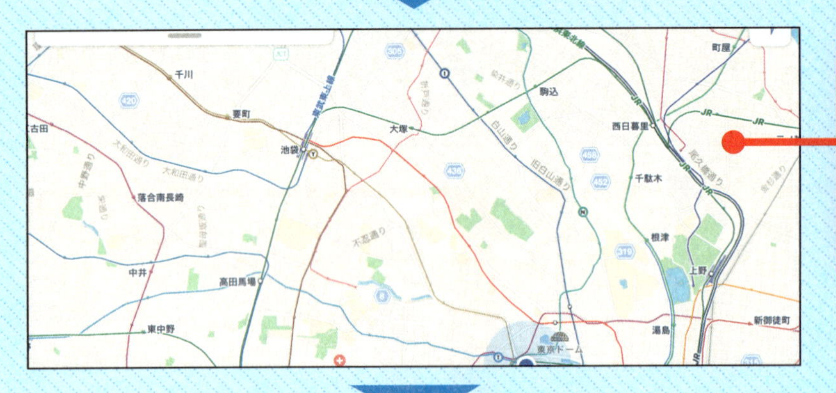

2 ピンチクローズ操作によって、画面が縮小します

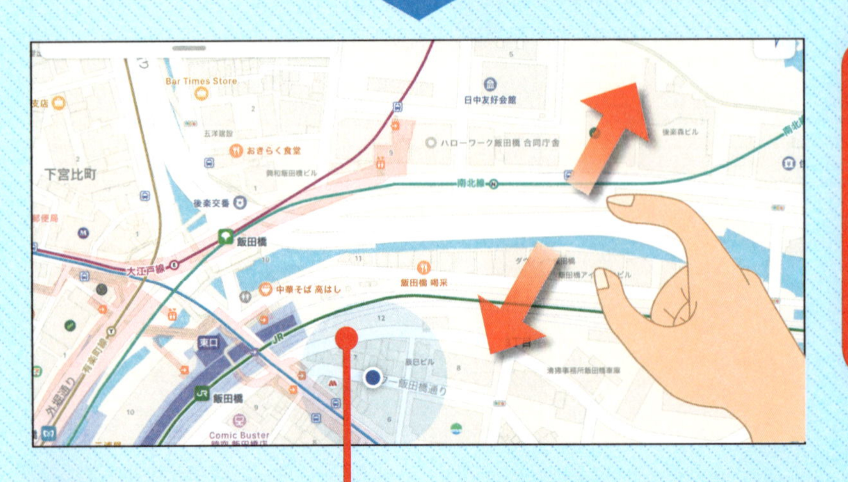

3 2本の指で画面を押さえ、徐々に幅を広げていきます

4 ピンチオープン操作によって、画面が拡大します

タッチとドラッグ

画面に触れることを「タッチ」といいます。タッチして押さえたままにしたあとで指を離し、表示されたメニューなどをタップするのが基本ですが、タッチして押さえたまま指をスライドさせる「ドラッグ」操作と組み合わせて使用することも多いです。

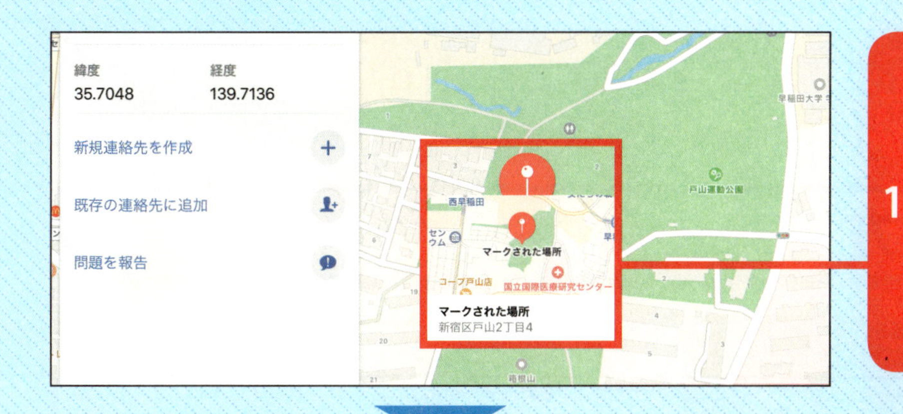

1 画面上の名称をタッチして押さえたままにすると詳細が表示されます

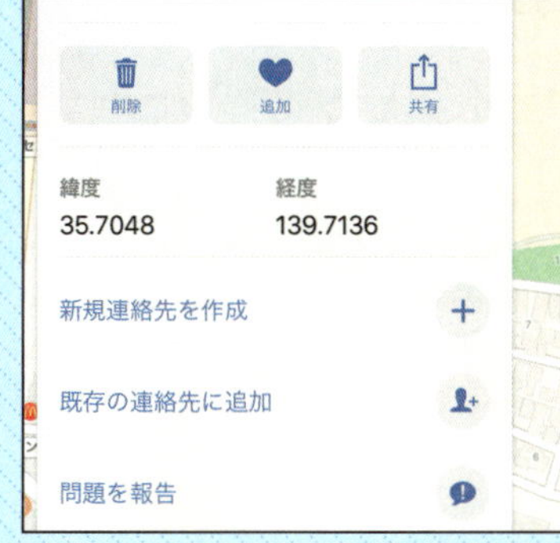

2 そのまま動かすと(ドラッグ)、詳細が移動します

おわり

Column ホーム画面のアイコンを動かす

ホーム画面のアイコンをタッチして押さえたままにすると、アイコンが震え始め、ドラッグして任意の位置に移動できるようになります。ホームボタンを押すと、位置が確定します。

Section 06 ホーム画面の使い方を知ろう

「ホーム画面」は、iPadにおけるすべての操作の基本となる画面のことです。ここでは、ホーム画面のしくみを覚えましょう。

●操作に迷ったときは……　ホームボタン 14ページ　スワイプ 19ページ

ホーム画面の見方

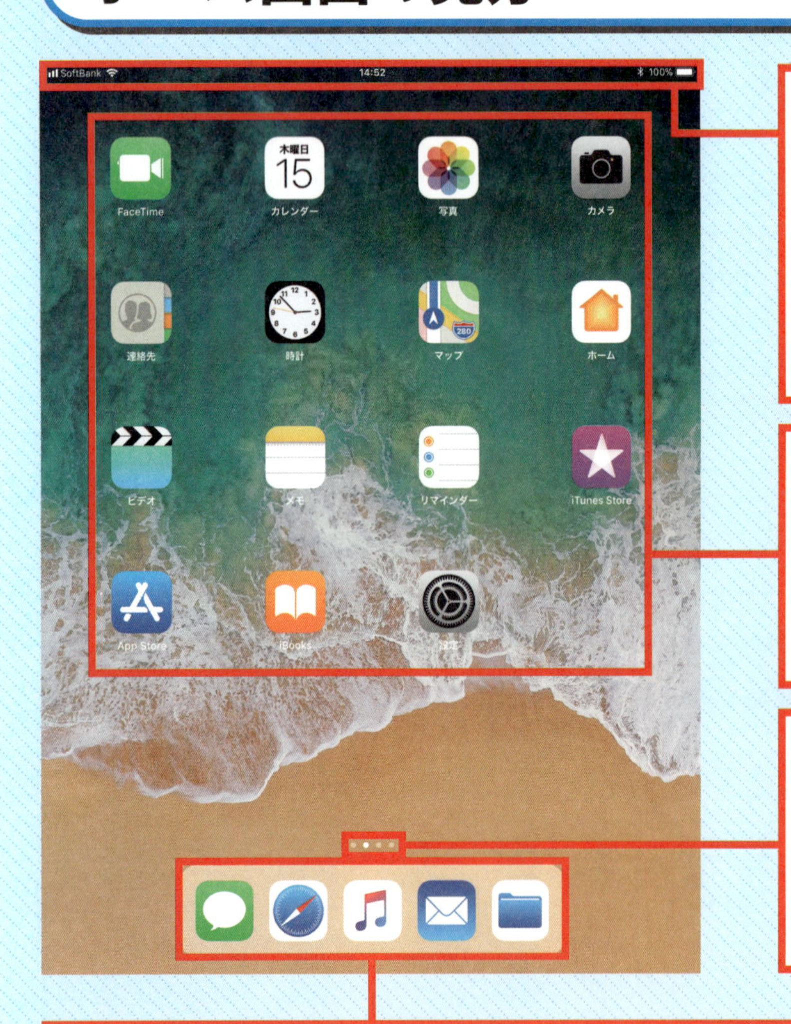

❶ ステータスバー
Wi-Fiの接続状況／現在時刻／バッテリー残量などが表示されます

❷ Appアイコン
アプリのアイコンが表示されます

❸ ホーム画面の位置
ホーム画面の数と現在の位置が表示されます

❹ Dock（ドック）
よく使うアプリを設置します。最近使ったアプリも表示されます

左右のホーム画面に移動する

隣のホーム画面に移動する

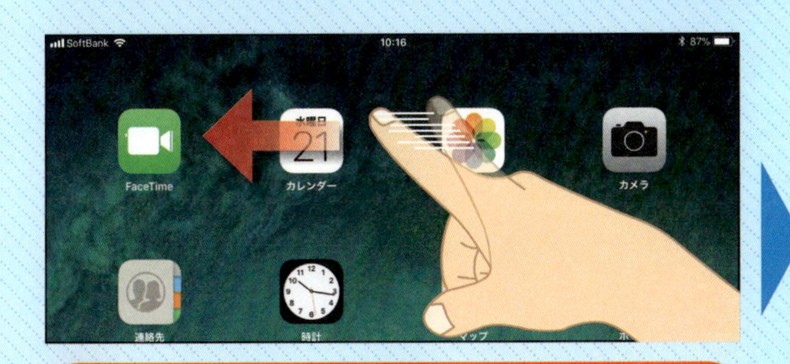

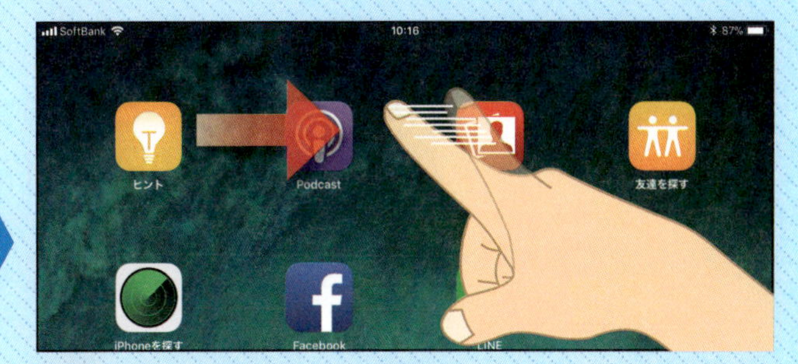

1 ホーム画面を左方向にスワイプします

2 右どなりのホーム画面に移動します

ホームボタンを押すと最初のホーム画面に戻ります

3 戻る時は右方向にスワイプします

検索画面に移動する

右方向に何度かスワイプすると、検索画面が表示されます。ここでiPad内のデータや、インターネット上のニュースなどを検索できます。

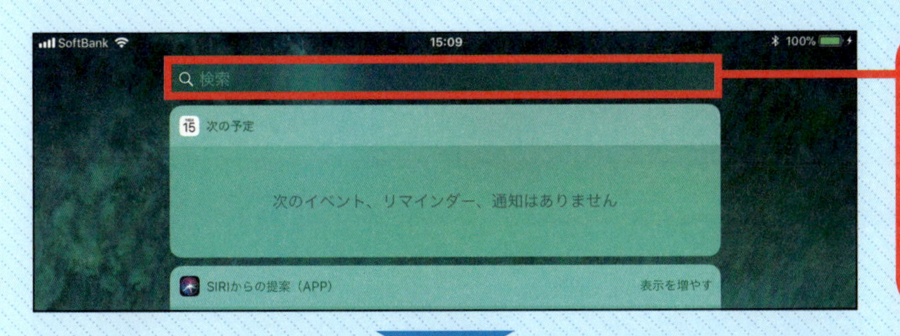

1 入力欄に検索したい言葉を入力します

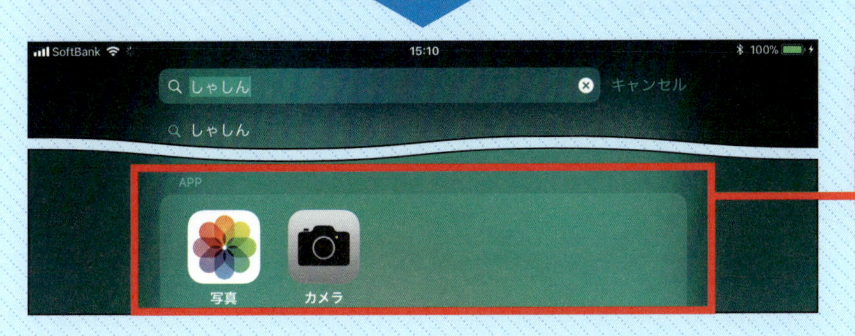

2 検索結果が表示されます

おわり

Section 07 音量を変更しよう

iPadは本体の横にあるボタンでスピーカーの音量を調節できます。公共の場所で使うときなど、かんたんな操作で消音にすることもできます。

●操作に迷ったときは…… 各部名称 14ページ タップ 18ページ スワイプ 19ページ

音量を調節する

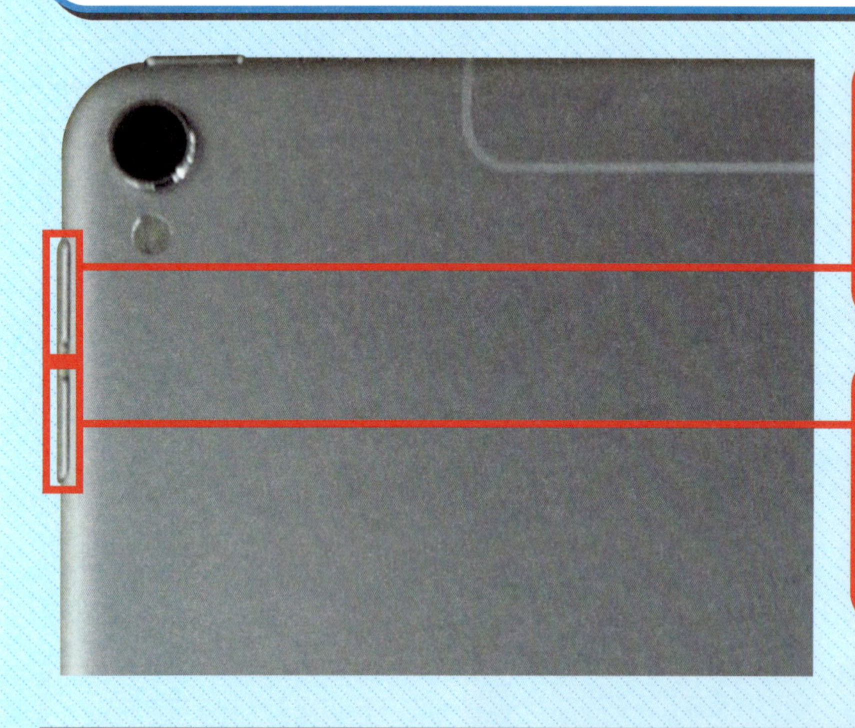

1 音量ボタンの上部を押すと音が大きくなります

2 音量ボタンの下部を押すと音が小さくなります

Column 音量ボタンで消音にする

音量ボタンの下部を押し続けると、右の画面が表示され、消音になります。消音を解除するには、音量ボタンの上部を押します。

サイレントモード（消音）に設定する

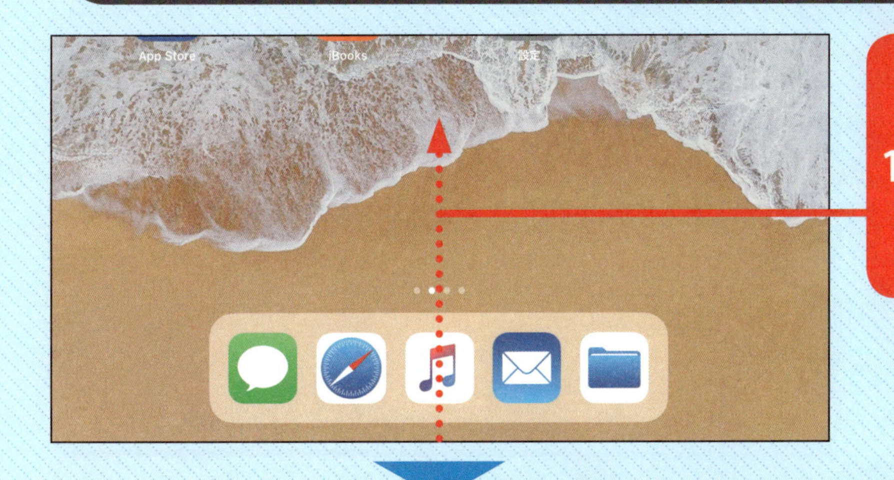

1 ホーム画面を下端から上方向にスワイプします

2 をタップします

3 消音になります

4 をタップします

5 音量がもとに戻ります

おわり

Section 08 画面の向きを変更しよう

iPadは、縦向きの画面だけでなく、本体を傾けると横向きの画面で使用することもできます。使いやすい方を選びましょう。

●操作に迷ったときは…… タップ 18ページ スワイプ 19ページ

1 iPadを横に傾けると、画面が横向きに表示されます

おわり

画面の回転を固定するには?

iPadは画面を縦／横向きに固定することができます。

1 ホーム画面を下端から上方向にスワイプします

2 をタップします

3 アイコンが変わり画面の回転が固定されます

第2章

iPadで文字を入力しよう

iPadでは、画面に表示されたキーボードを使って文字を入力します。
この章では、キーボードの種類や切り替え方、文字入力の方法などを覚えましょう。

2

Section

09 キーボードの準備をしよう

iPad初心者でも入力しやすいキーボードは「日本語かな」キーボードです。まずは「日本語かな」キーボードが使用できるように追加しましょう。

●操作に迷ったときは…… タップ 18ページ

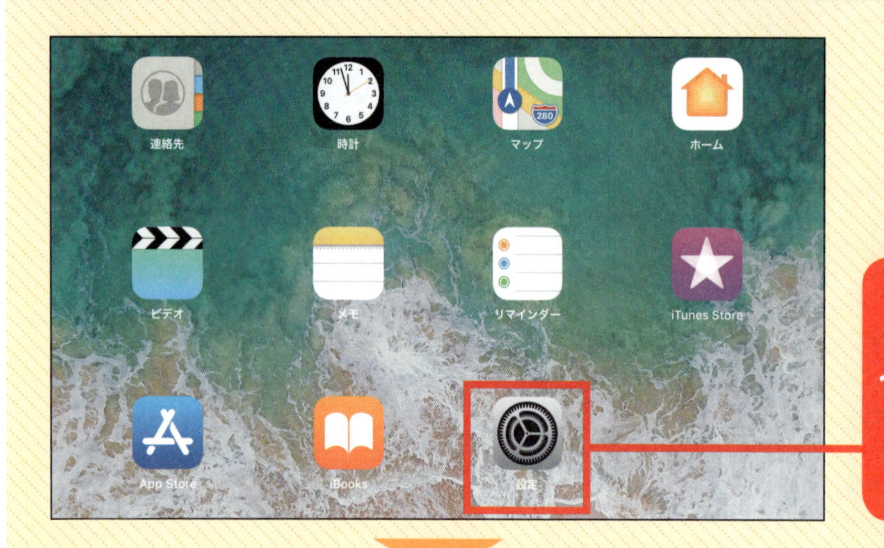

1 ホーム画面から＜設定＞のアイコンをタップします

2 ＜一般＞をタップします

3 ＜キーボード＞をタップします

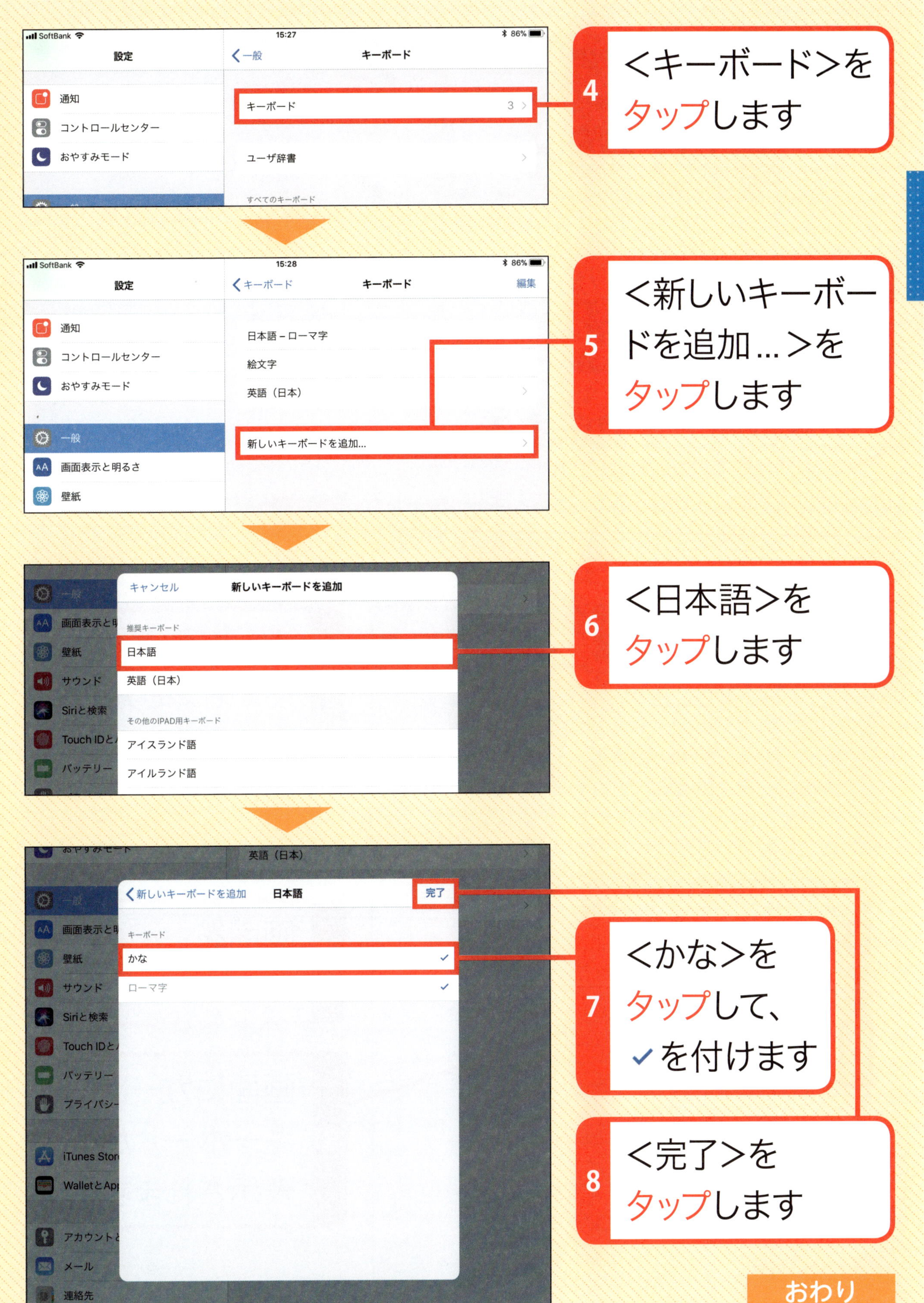

4
<キーボード>を
タップします
5
<新しいキーボードを追加...>を
タップします
6
<日本語>を
タップします
7
<かな>を
タップして、
✓を付けます
8
<完了>を
タップします
おわり
2章
iPadで文字を入力しよう

Section 10 キーボードを切り替えよう

iPadではいくつかの種類のキーボードを使用することができます。それぞれのキーボードの特徴と切り替え方を覚えましょう。

●操作に迷ったときは…… タップ 18ページ スワイプ 19ページ

キーボードを表示する

iPadは、文字入力が可能になるとキーボードが表示されます。ここでは、「メモ」アプリを起動してキーボードを表示します。

1 ホーム画面から<メモ>のアイコンをタップします

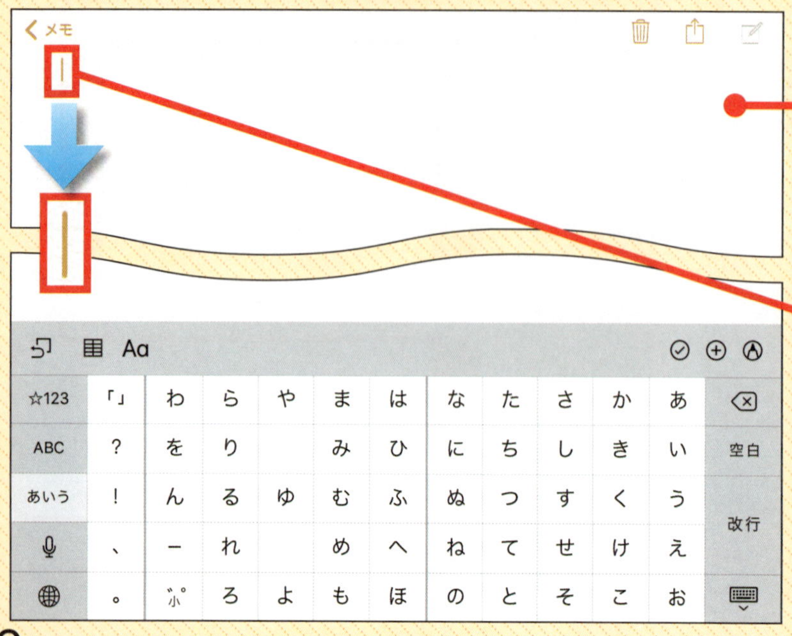

2 画面をタップします

3 画面にカーソルとキーボードが表示されます

キーボードの種類を切り替える

キーボードにはいくつかの種類があり、左下の🌐（「顔文字」の場合はABC）をタップすると、自由に切り替えることができます。

日本語かな

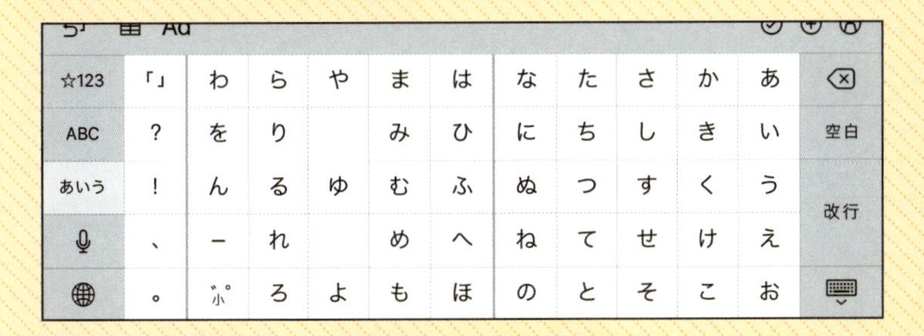

かな文字が入力できるキーボードで、右からあいうえお順に並んでいます

日本語ローマ字

ローマ字入力ができるキーボードで、パソコンのキーボード配置と同じです

絵文字

絵文字が入力できるキーボードで、スワイプして絵文字の項目を移動できます

English (Japan)

アルファベットが直接入力できるキーボードで、パソコンのキーボード配置と同じです

おわり

Section 11 ひらがなを入力しよう

ひらがなの入力は「日本語かな」キーボードや「日本語ローマ字」キーボードを使用します。文字キーをタップしたら入力を確定させましょう。

●操作に迷ったときは…… タップ 18ページ キーボード表示 30ページ

1 「日本語かな」キーボードを表示します

2 文字キーをタップします

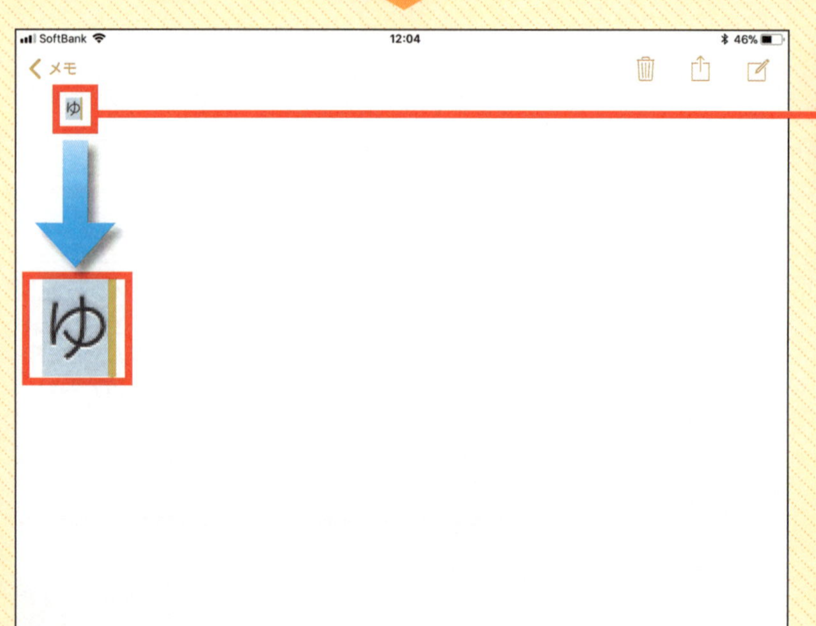

3 文字が入力されます

文字はカーソルの位置に入力されます

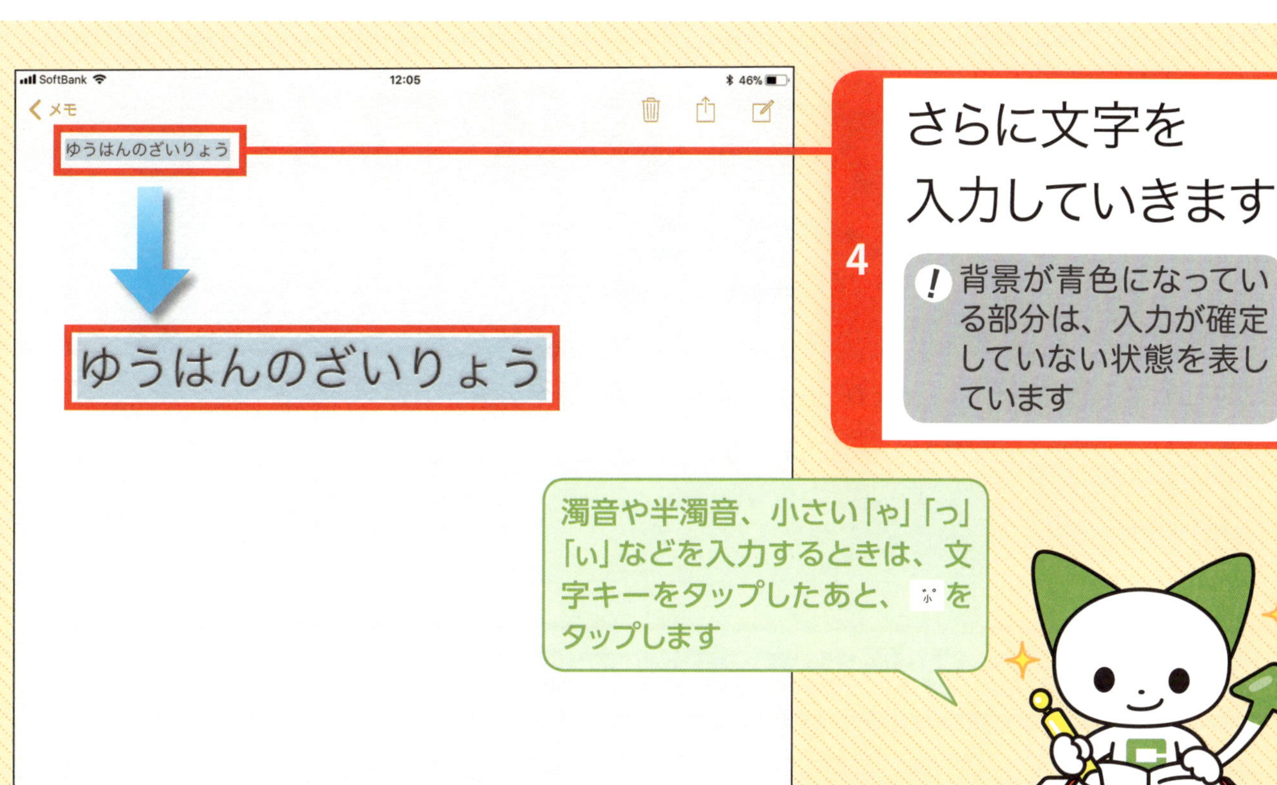

4 さらに文字を入力していきます

! 背景が青色になっている部分は、入力が確定していない状態を表しています

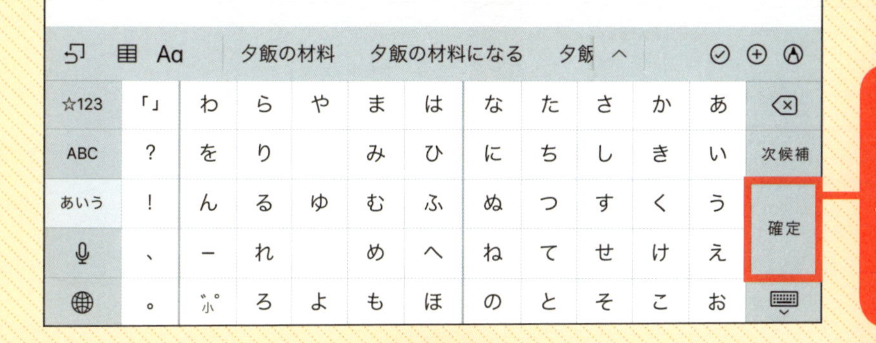

濁音や半濁音、小さい「ゃ」「っ」「ぃ」などを入力するときは、文字キーをタップしたあと、゛゜小 をタップします

5 キーボードの<確定>をタップします

6 背景の青色が消え、入力が確定されます

ここでは「日本語かな」キーボードを例に解説しましたが、パソコンと同じように入力したい場合は「日本語ローマ字」キーボードを使うとよいでしょう

おわり

Section 12 ひらがなを漢字に変換しよう

入力したひらがなは、確定前に漢字に変換することができます。変換機能を活用して思い通りの文章を作りましょう。

●操作に迷ったときは…… タップ 18ページ スワイプ 19ページ

入力したひらがなを変換する

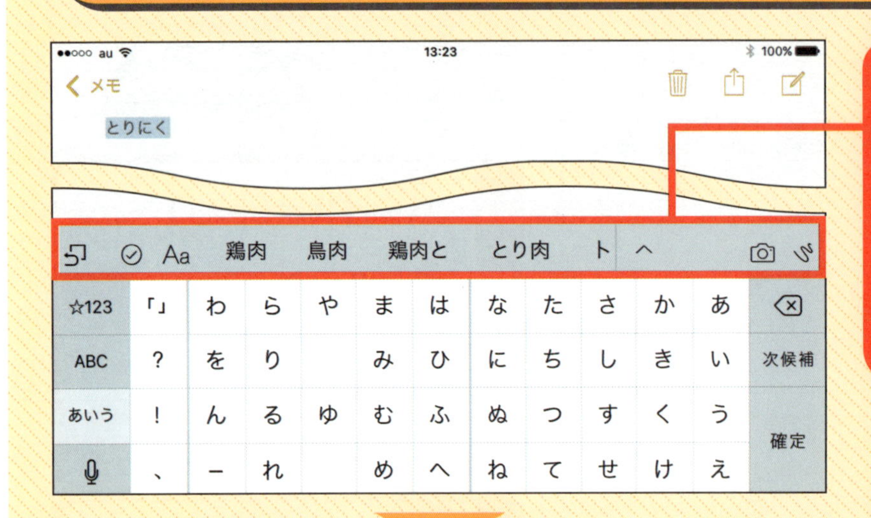

1 ひらがなを入力中に変換候補が表示されます

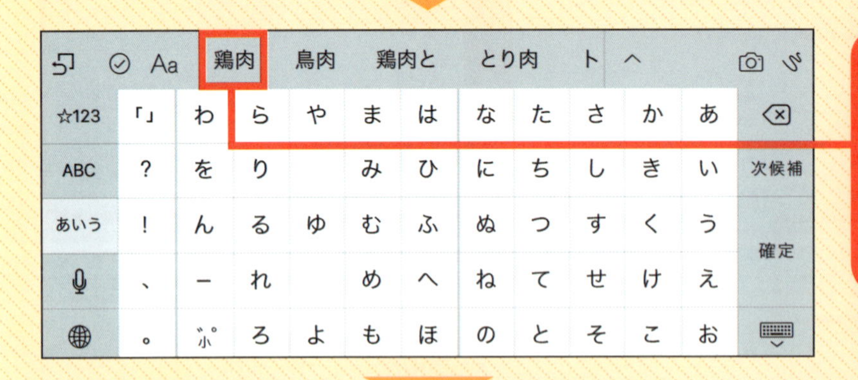

2 変換候補から目的の単語をタップします

鶏肉

3 入力した文字が選択した漢字に変換されます

目的の漢字が表示されないときは

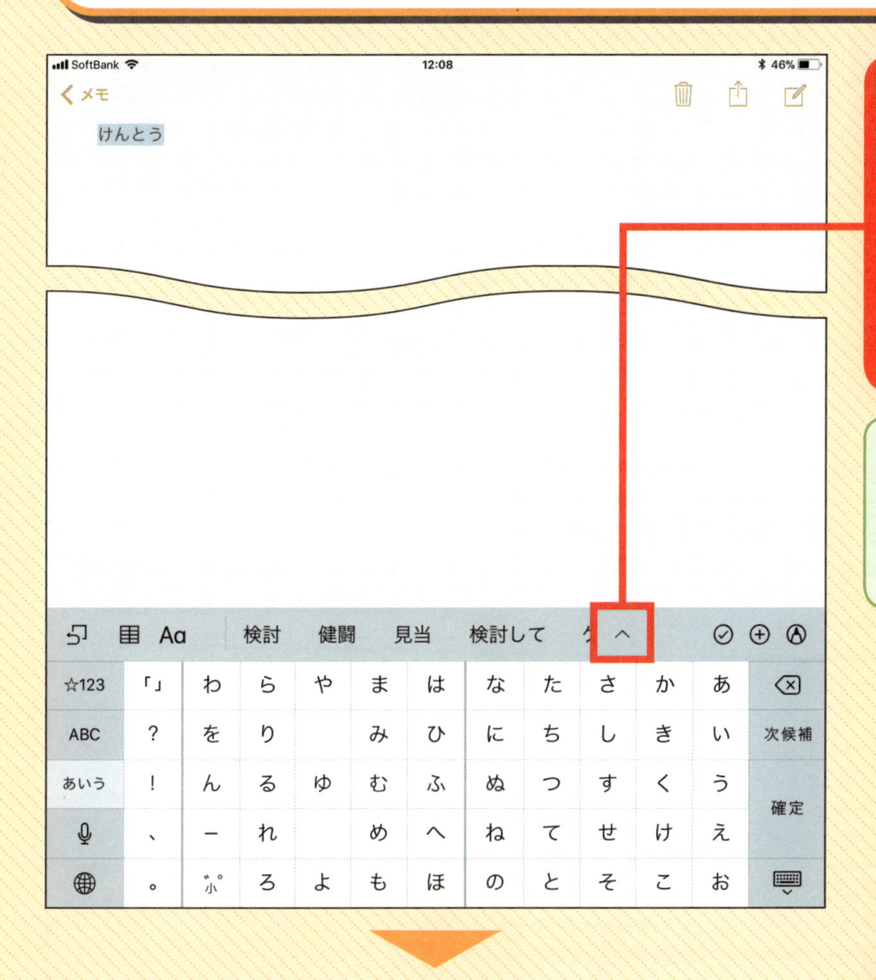

1 変換候補に目的の単語がない場合、右端の ^ をタップします

長い文章を一度に変換しようとするとうまくいかないことが多いので、単語ごとに変換していくとよいでしょう

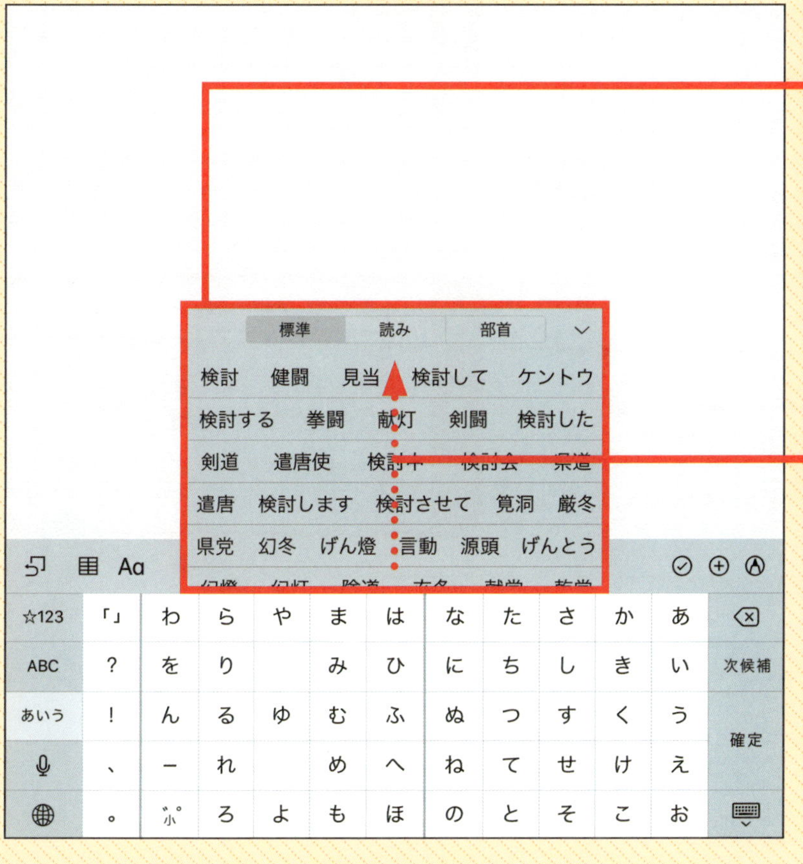

2 そのほかの変換候補が一覧で表示されます

3 上方向にスワイプして別の変換候補を表示します

おわり

Section 13 数字や記号を入力しよう

キーボードの表示を切り替えると、数字や記号、アルファベットを入力できるようになります。ここでは数字や記号の入力方法を見ていきます。

●操作に迷ったときは…… タップ 18ページ キーボード表示 30ページ

キーボードの表示を切り替える

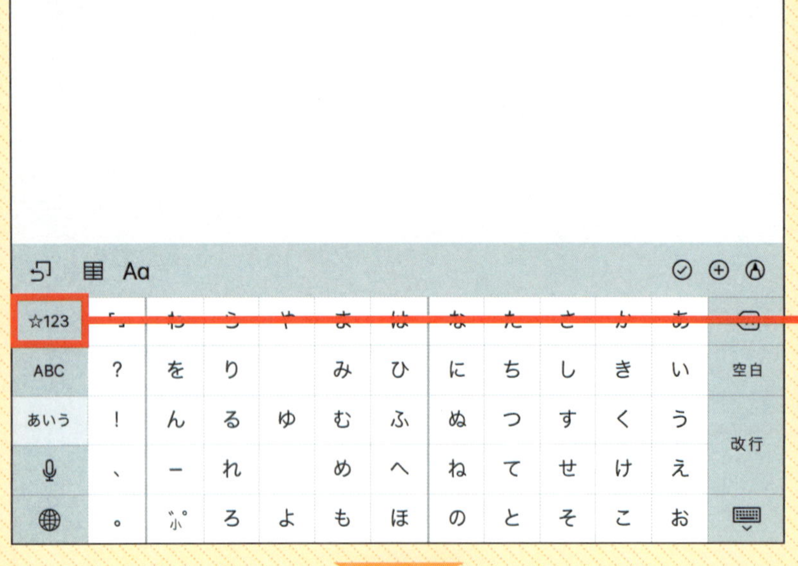

1 「日本語かな」キーボードを表示します

2 キーボードの ☆123 をタップします

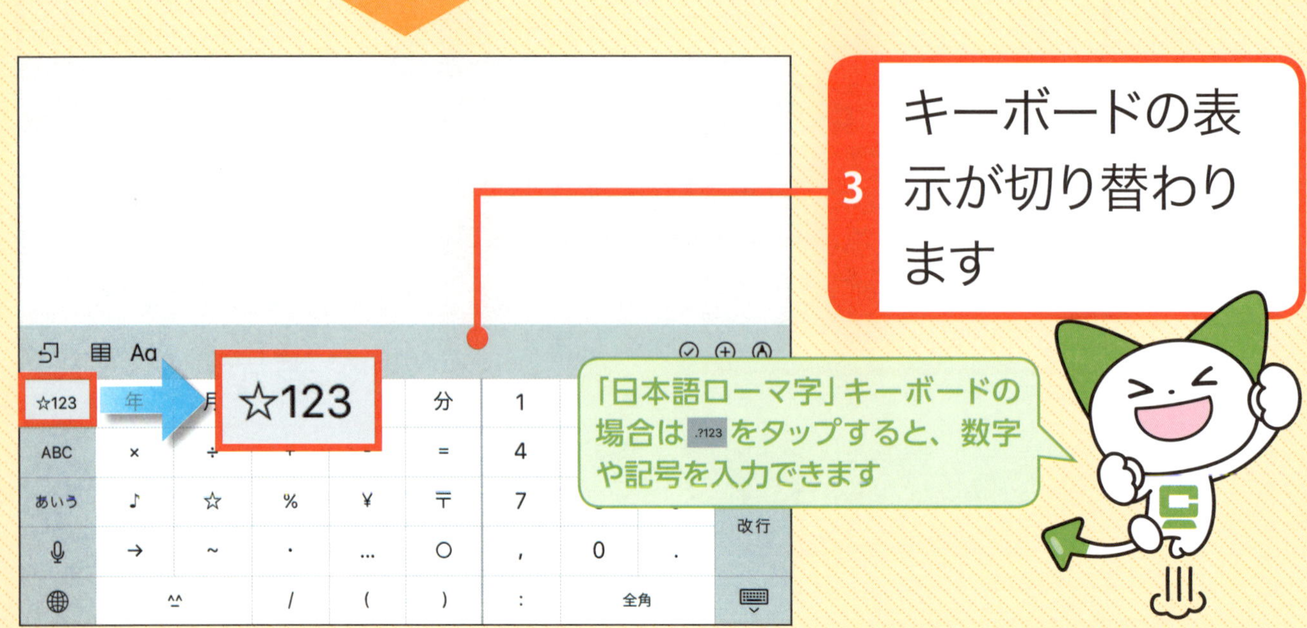

3 キーボードの表示が切り替わります

「日本語ローマ字」キーボードの場合は .?123 をタップすると、数字や記号を入力できます

数字や記号を入力する

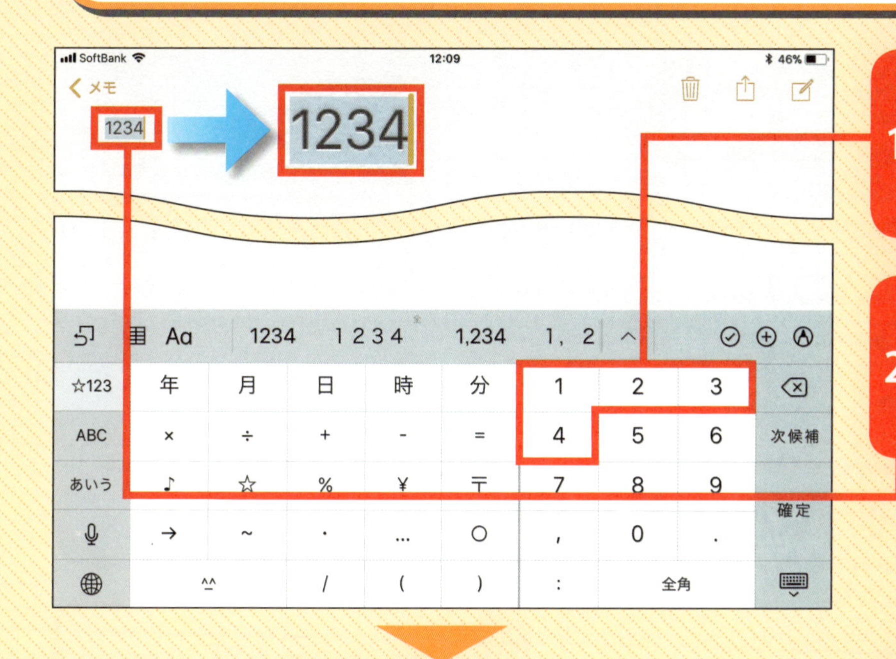

1 入力したい数字をタップします

2 数字が入力されます

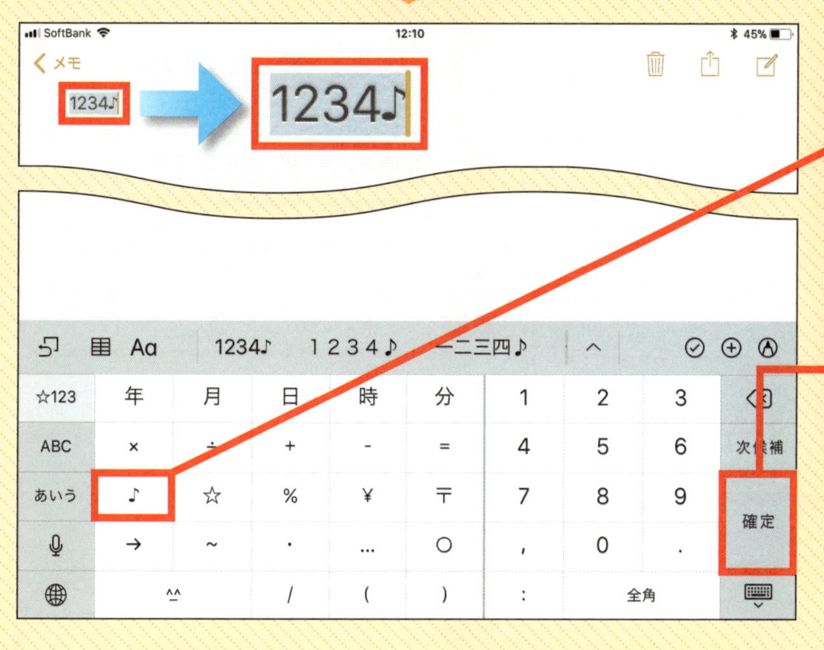

3 記号をタップします

4 ＜確定＞をタップすると、入力が確定します

おわり

Column 顔文字を入力する

顔文字を入力したい場合は、数字や記号を入力できるようにキーボードを切り替えたあとで、左下にある ^^ をタップしましょう。

Section 14

アルファベットを入力しよう

アルファベットを入力するための表示に切り替えることができます。「English (Japan)」キーボードで直接入力することもできます。

●操作に迷ったときは……　タップ 18ページ　キーボード表示 30ページ

アルファベットを入力する

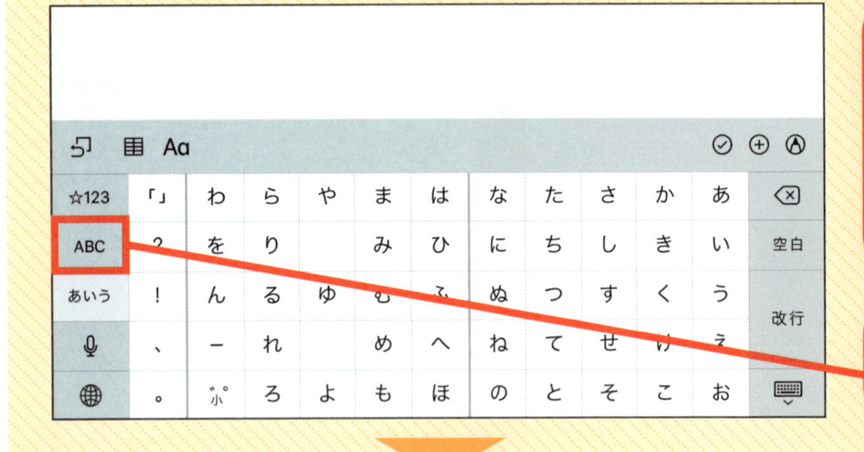

1 「日本語かな」キーボードを表示します

2 ABCをタップします

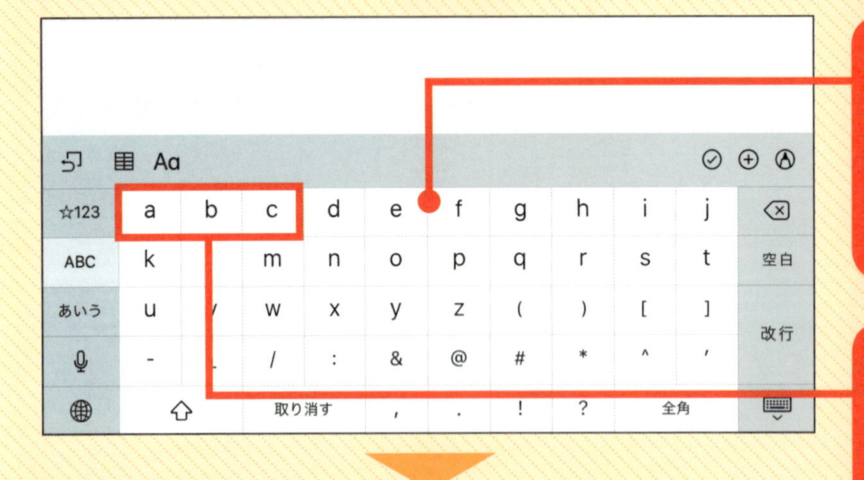

3 キーボードの表示が切り替わりました

4 入力したいキーをタップします

SoftBank 12:10 45%
メモ
abc → abc

5 アルファベットが入力されます

大文字のアルファベットを入力する

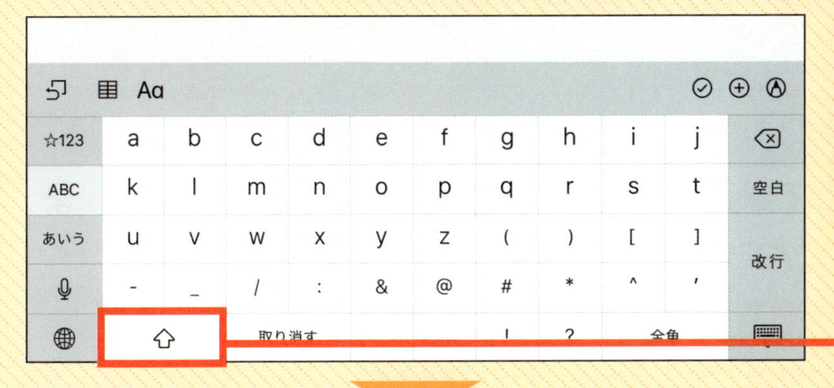

1 キーボードの⇧をタップして⬆に切り替えます

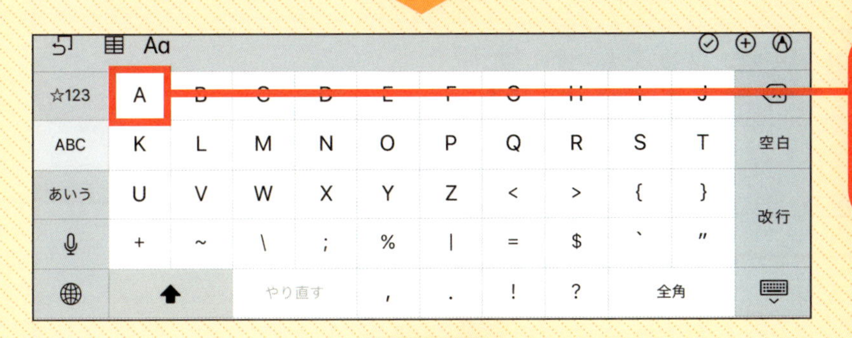

2 入力したいキーをタップします

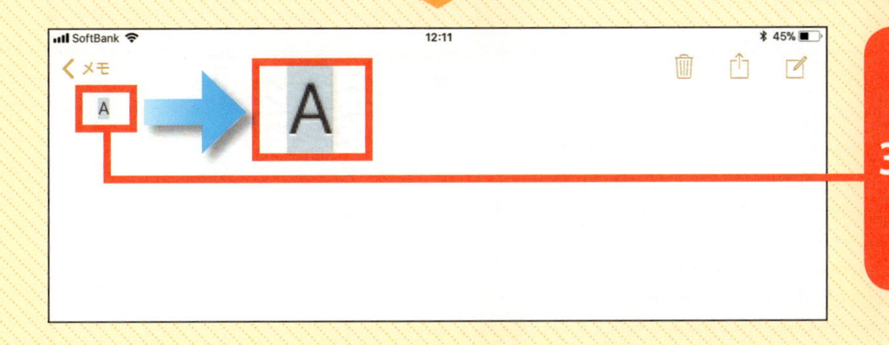

3 大文字のアルファベットが入力されます

おわり

解説 「日本語ローマ字」キーボードで入力する

「日本語ローマ字」キーボードでアルファベット入力をしたい場合は、abcをタップして、入力したいキーをタップします。

Section 15 文字を削除しよう

iPadでは文章の作成中に誤って入力した文字を削除することができます。また、1つ前の操作を取り消すことも可能です。

●操作に迷ったときは…… タップ 18ページ タッチ 21ページ ドラッグ 21ページ

削除位置にカーソルを移動する

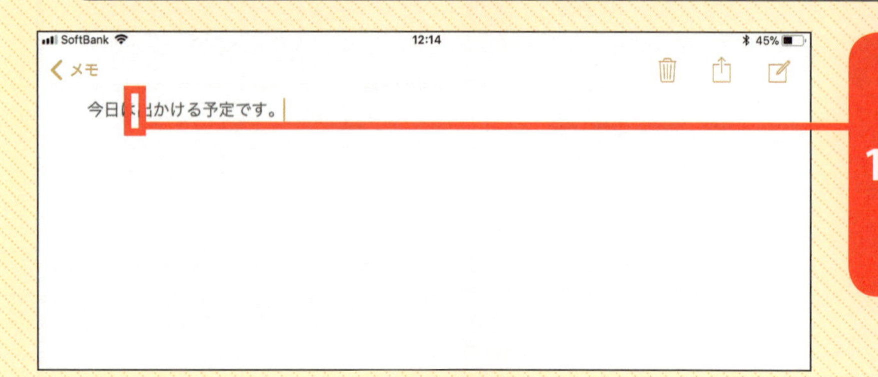

1 削除したい文字の右側をタップします

2 カーソルが移動しました

直前の操作を取り消すには、iPadを軽く振って、<取消>をタップします

文字を削除する

1 ⌫をタップします

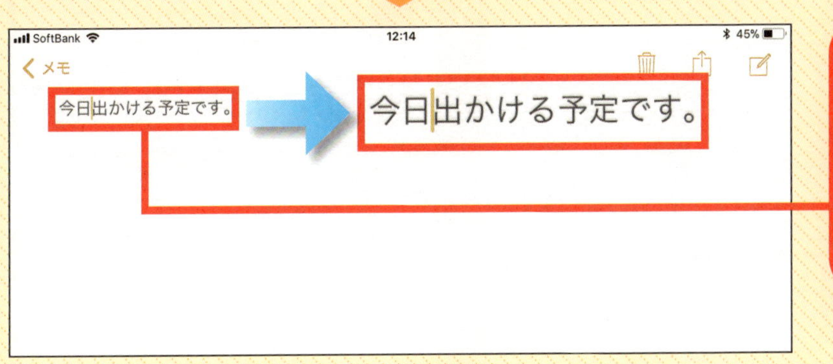

2 カーソル左側の文字が削除されます

おわり

解説 拡大鏡でカーソルを移動する

入力した文字をタッチして押したままにすると、拡大鏡で拡大することができます。この状態でドラッグすると、かんたんにカーソルが移動できます。

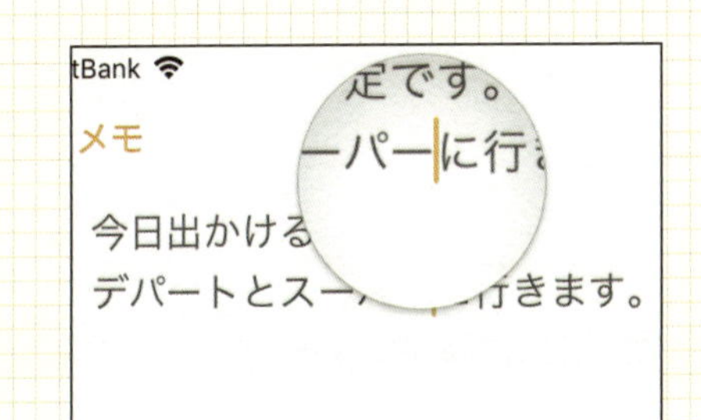

Section 16 文字を選択してコピーしよう

文字を選択してコピーすれば、コピーした単語や文章を貼り付けられます（ペースト）。入力した文章を別のアプリで使いたいときなどに便利です。

●操作に迷ったときは……　タップ 18ページ　タッチ 21ページ　ドラッグ 21ページ

文字を選択する

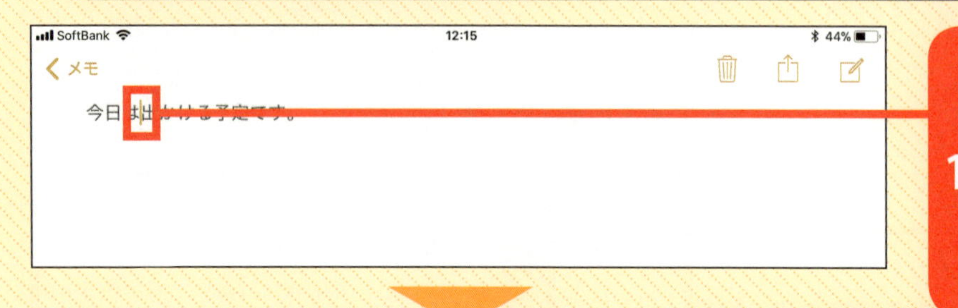

1 文章の任意の箇所をタッチして押したままにします

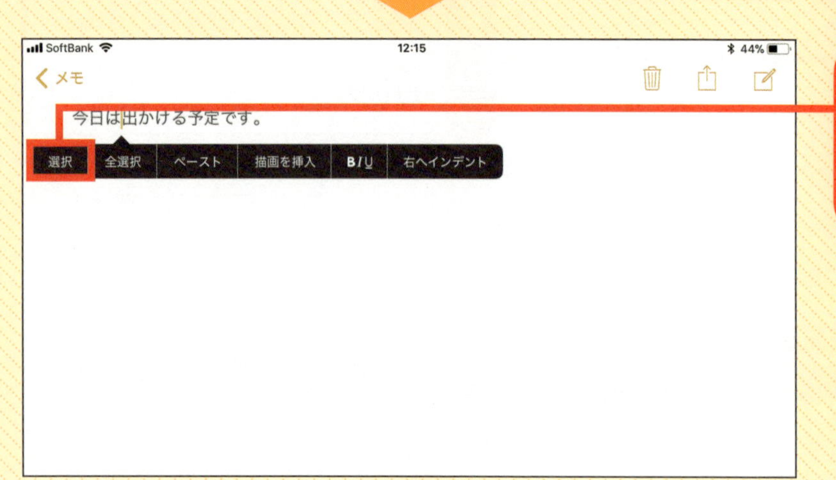

2 指を離して<選択>をタップします

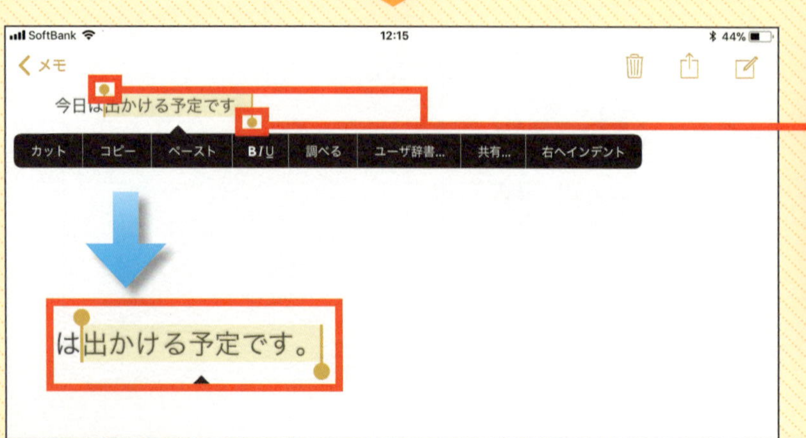

3 上下の●をドラッグして、文字の選択範囲を調節します

文字をコピー＆ペーストする

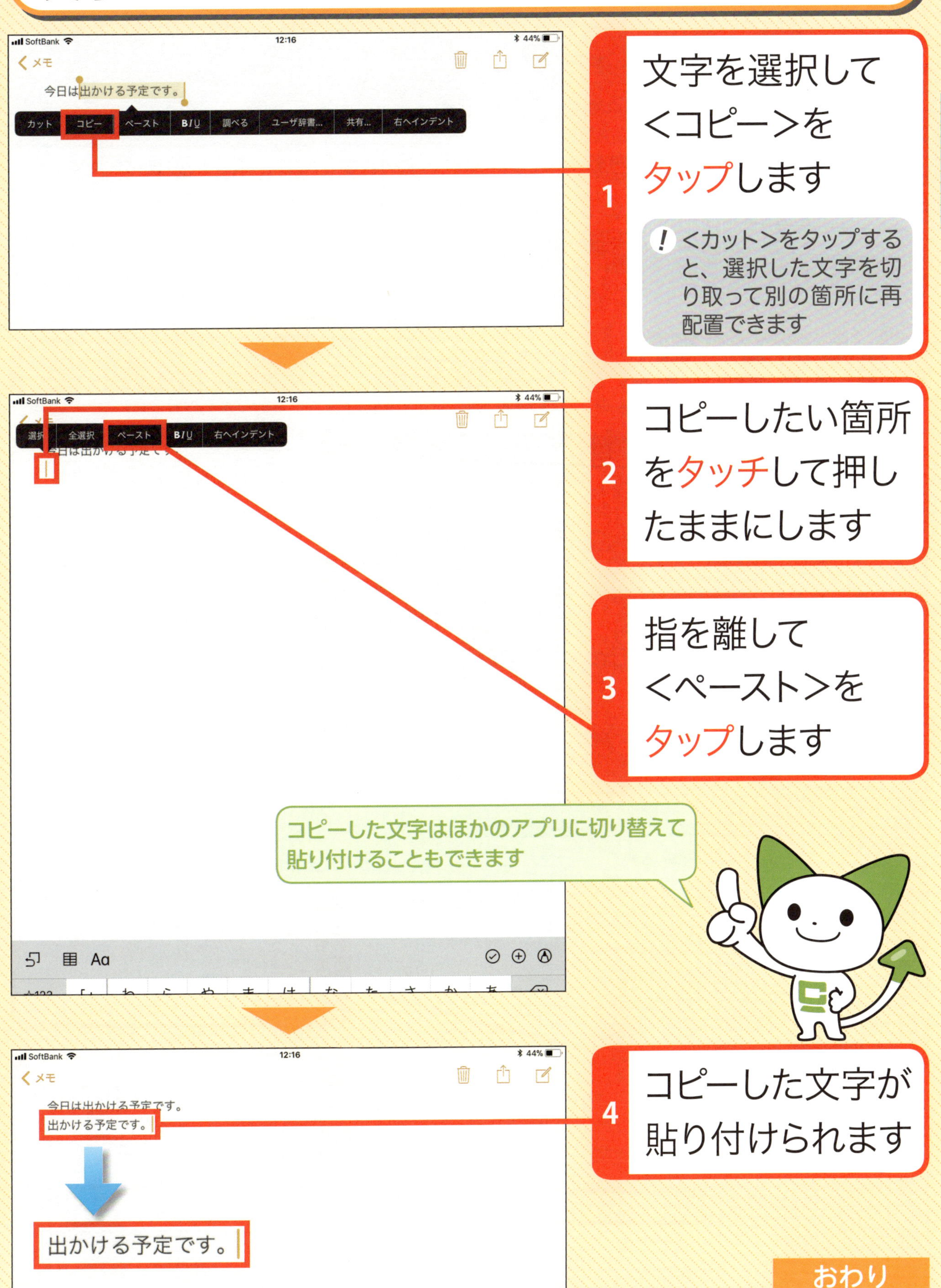

1 文字を選択して<コピー>をタップします

! <カット>をタップすると、選択した文字を切り取って別の箇所に再配置できます

2 コピーしたい箇所をタッチして押したままにします

3 指を離して<ペースト>をタップします

コピーした文字はほかのアプリに切り替えて貼り付けることもできます

4 コピーした文字が貼り付けられます

おわり

Section 17 よく使う単語を辞書に登録しよう

「ユーザ辞書」に単語を登録しておけば、単語をかんたんに変換できます。よく入力する特殊な人名や地名などがあれば登録しておきましょう。

●操作に迷ったときは…… タップ 18ページ スワイプ 19ページ

単語をユーザ辞書に登録する

1 ホーム画面から＜設定＞のアイコンをタップします

設定
通知
コントロールセンター
おやすみモード
一般
画面表示と明るさ
iTunes Store
WalletとApple Pay
アカウントとパスワード
メール

一般
情報
ソフトウェア・アップデート
AirDrop
Handoff
マルチタスクとDock
日付と時刻
キーボード
言語と地域
辞書

2 ＜一般＞をタップします

3 ＜キーボード＞をタップします

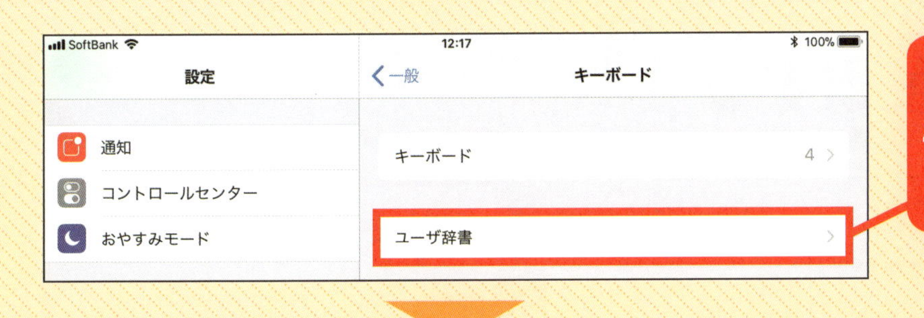

4 <ユーザ辞書>をタップします

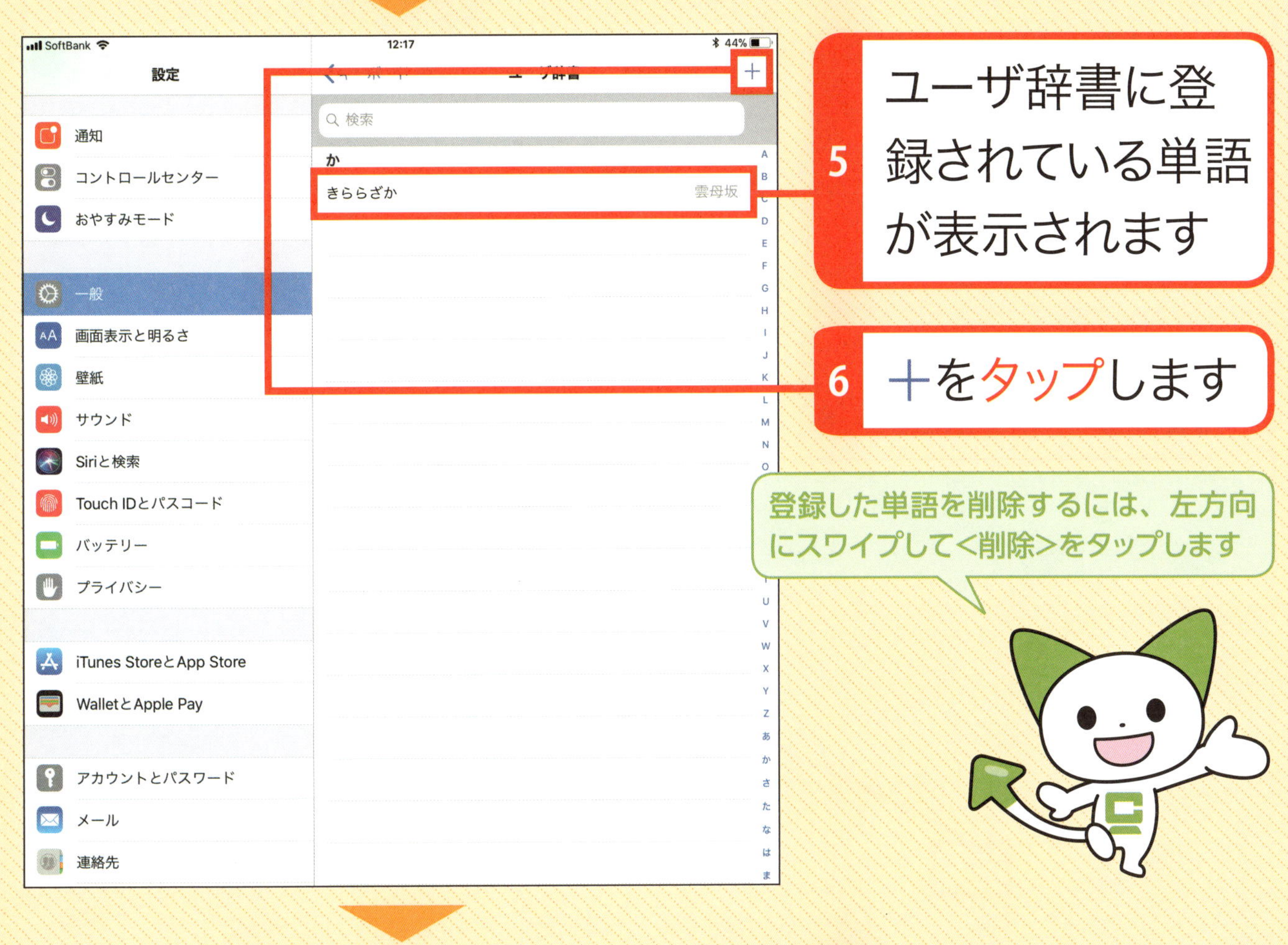

5 ユーザ辞書に登録されている単語が表示されます

6 ＋をタップします

登録した単語を削除するには、左方向にスワイプして<削除>をタップします

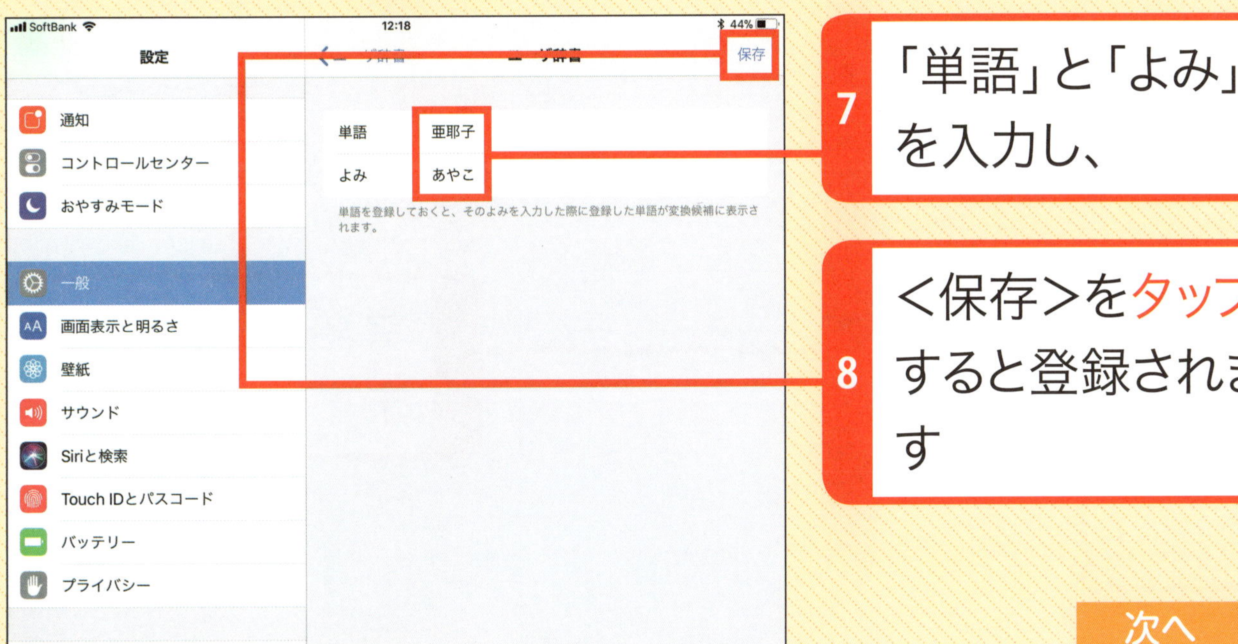

7 「単語」と「よみ」を入力し、

8 <保存>をタップすると登録されます

次へ

登録した単語を使用する

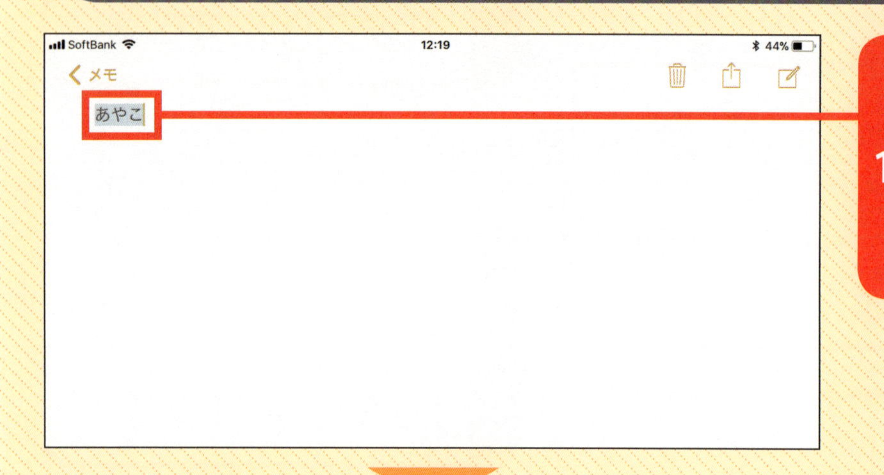

1 ユーザ辞書に登録した単語の読みを入力します

あやこ　亜耶子　綾子　彩子

2 変換候補に登録した単語が表示されるので**タップ**します

登録した単語が表示されない場合は へ をタップします

SoftBank　12:19　44%

メモ

亜耶子

亜耶子

3 単語が入力されます

おわり

第3章

インターネットのウェブページを見よう

「Safari（サファリ）」というアプリをホーム画面から起動すれば、iPadで好きなウェブページをいつでも見られるようになります。

3

Section 18 Safariの画面について知ろう

Safariを使えば、パソコンと同じようにインターネットのウェブページを閲覧できます。ここではSafariの画面の見方を覚えましょう。

●操作に迷ったときは…… タップ 18ページ ピンチ操作 20ページ

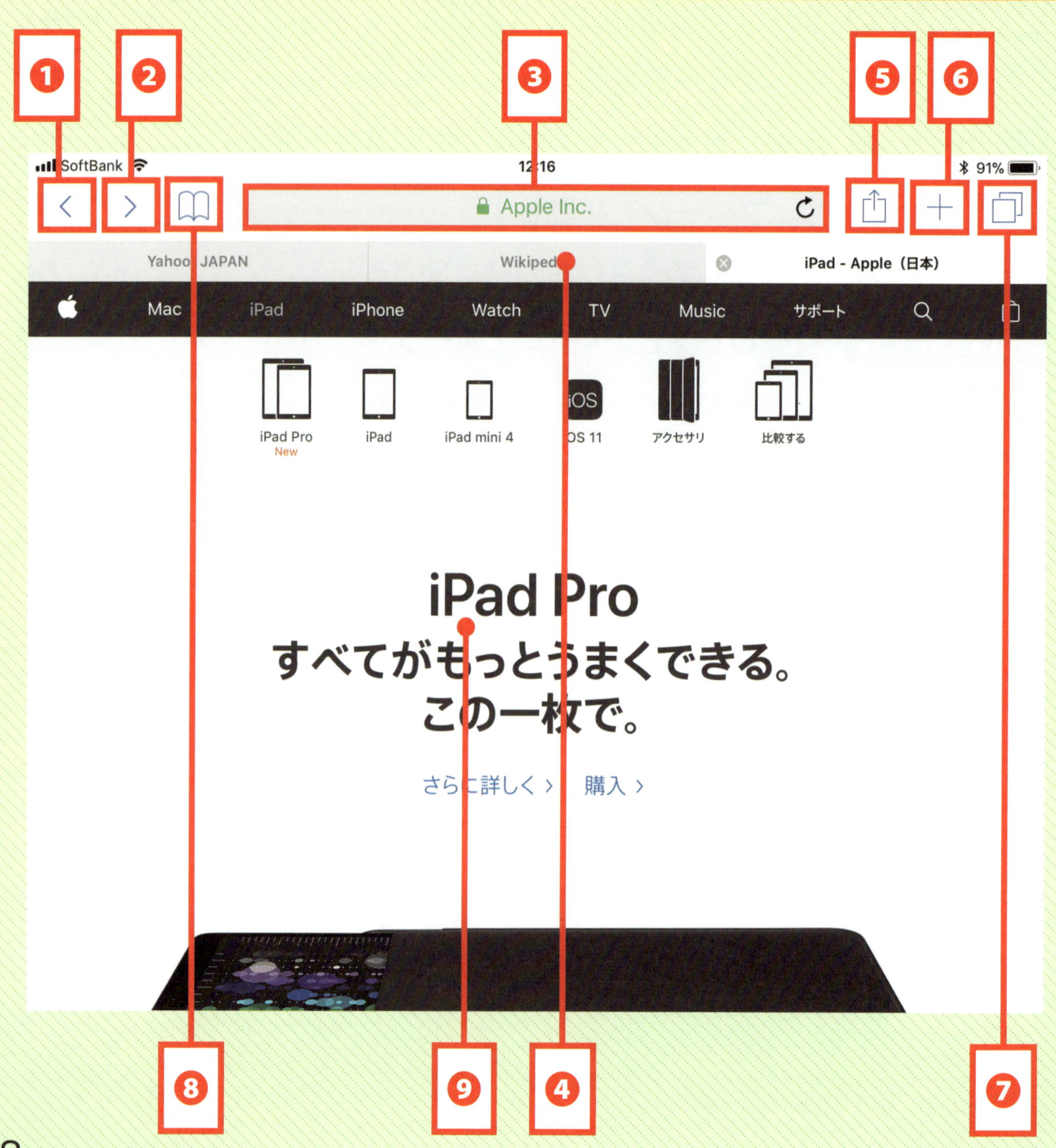

❶ ＜ボタン
直前に見ていたウェブページに画面が切り替わります。

❷ ＞ボタン
＜ボタンをタップする前に見ていたウェブページに画面が切り替わります。

❸ 検索フィールド
現在表示しているウェブページのアドレス（住所）が表示されます。別のウェブページのアドレスを入力して表示することもできます。また、キーワード（検索したい語句）を入力すれば、キーワードに該当するウェブページが一覧表示されます。

❹ タブ
現在表示しているウェブページのタイトルが表示されます。別のタブをタップすれば、表示しているウェブページを切り替えることができます。

❺ ボタン
画面に表示しているウェブページをホーム画面やブックマークなどに登録できます。

❻ ＋ボタン
新しいタブを開きます。

❼ ボタン
開いているタブを一覧で表示します。

❽ ボタン
登録したブックマークやリーディングリスト、これまでに閲覧したウェブページの履歴が一覧で表示されます。

❾ ウェブページの表示領域
ウェブページの内容が表示されます。画面をピンチオープン／ピンチクローズすれば、表示を拡大または縮小できます。

Safariの使い方を覚えて
自由自在にウェブページを
閲覧できるようになりましょう

おわり

Section 19 ウェブページを開こう

ウェブページにはアドレス（住所）が設定されています。アドレスを知っていれば、アドレスバーに入力することでウェブページを表示できます。

●操作に迷ったときは…… タップ 18ページ

Safariを起動する

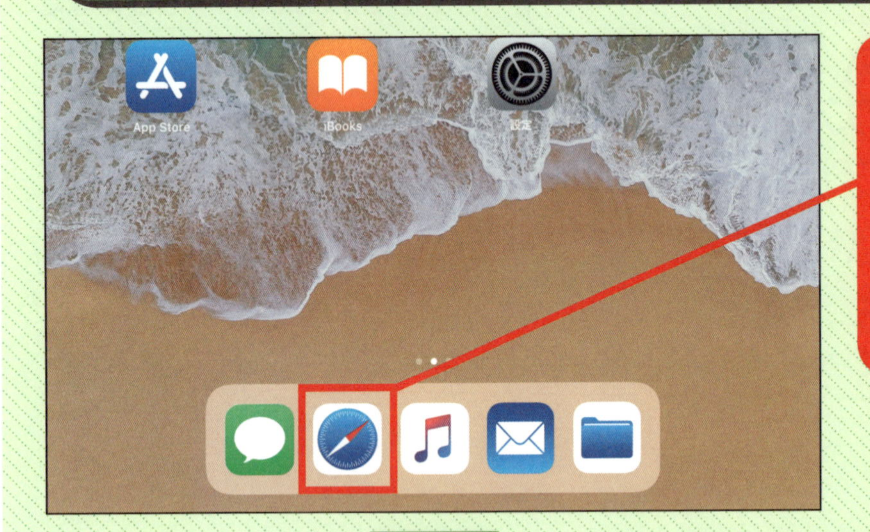

1 ホーム画面から<Safari>のアイコンをタップします

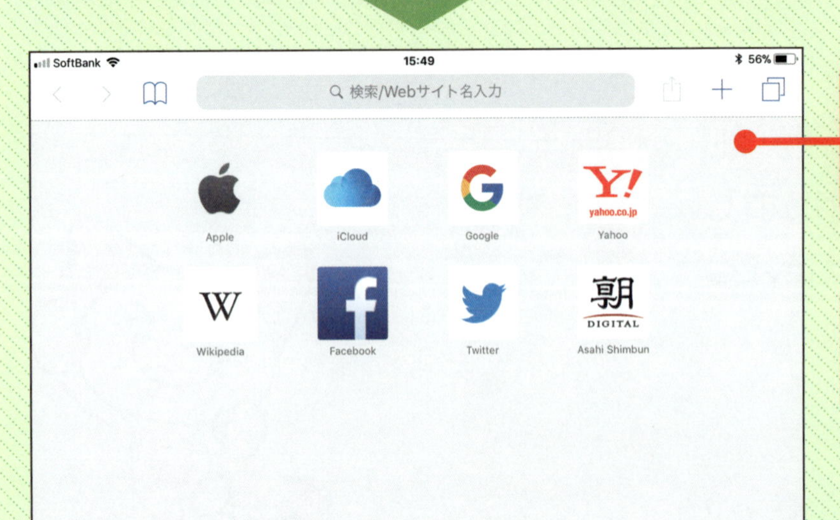

2 Safariが起動します

ウェブページを開く前にインターネットに接続しているか確認しましょう

アドレスを入力してウェブページを開く

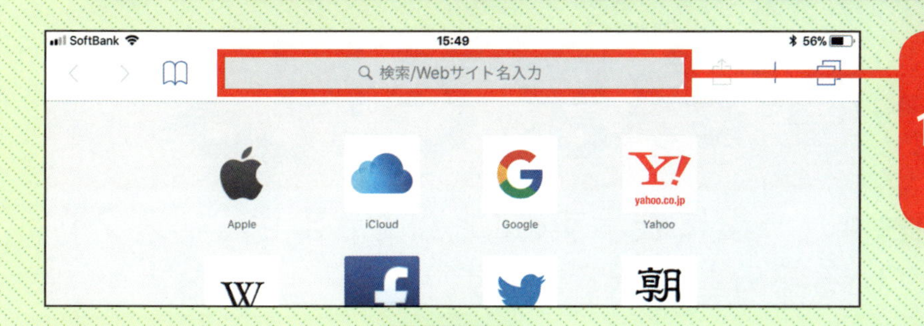

1 検索フィールドをタップします

2 ABC をタップします

3 ウェブページのアドレスを入力します

ここではAppleのウェブページを表示します

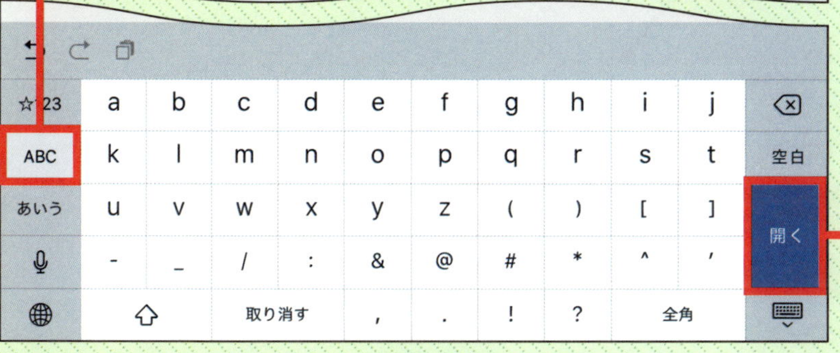

4 <開く>または<Go>をタップします

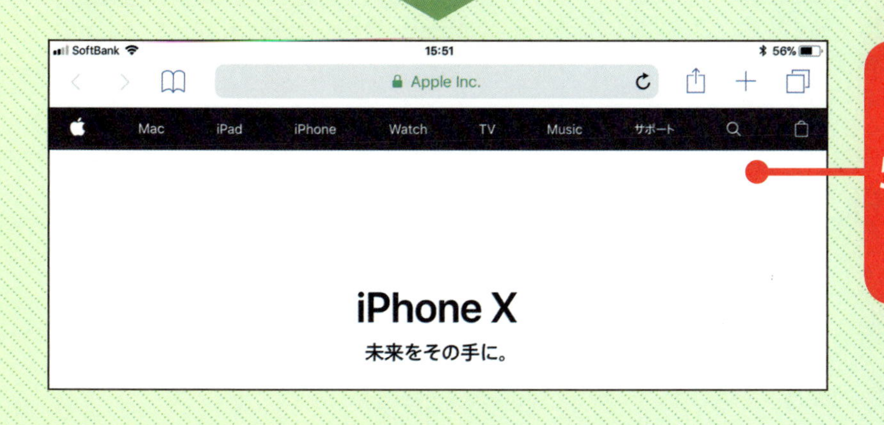

5 Appleのウェブページが表示されます

おわり

Section 20 表示したウェブページをすみずみまで見よう

ウェブページが縦に長い場合は、一度に表示することができません。スワイプ操作を行うことで、隠れている部分を表示できます。

●操作に迷ったときは…… タップ 18ページ　スワイプ 19ページ　ピンチ操作 20ページ

ウェブページをスクロールする

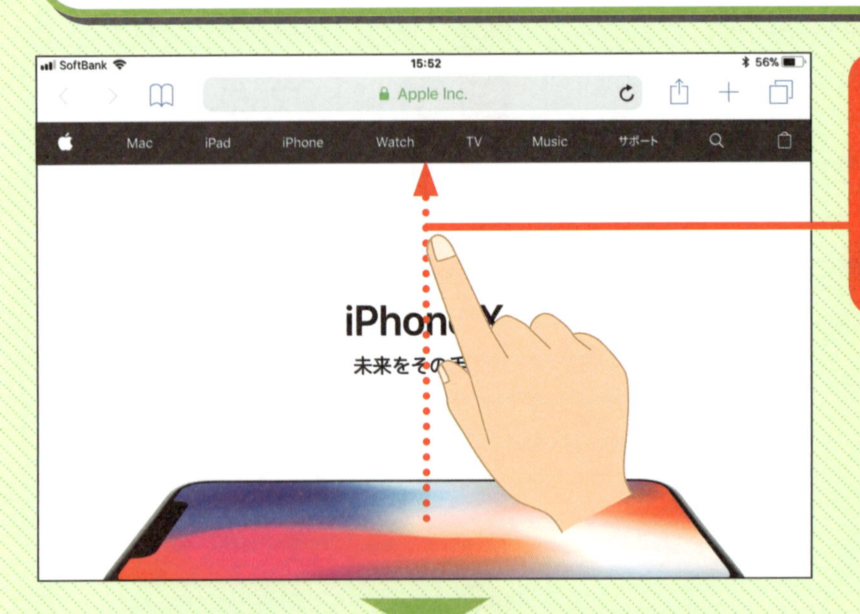

1 ウェブページを上方向にスワイプします

2 ページの下側が表示されます

下方向にスワイプするとページの上側が表示されます

ピンチで画面を拡大／縮小する

1 大きくしたい箇所を中心にして**ピンチオープン**します

iPhone X

未来をその手に。

2 ページが大きく表示されます

小さくしたい箇所を中心にしてピンチクローズするとページが小さく表示されます

おわり

ページのいちばん上へ一気に移動する

ウェブページの下側を表示しているときに、ステータスバーを2回タップすると、一気にページのいちばん上へ移動できます。

Section 21

ウェブページを移動しよう

ウェブページには、別のページに移動するための機能（リンク）があります。ここでは、ページの移動方法を解説します。

●操作に迷ったときは…… タップ 18ページ スワイプ 19ページ

リンクをタップして別のページに移動する

1 51ページを参考に、Appleのウェブページを表示します

2 ＜iPad＞をタップします

SoftBank
15:53
55%
Apple Inc.
Mac
iPad
iPhone
Watch
TV
Music
サポート
iPad Pro New
iPad
iPad mini 4
iOS 11
アクセサリ
比較する
iPad Pro
すべてがもっとうまくできる。この一枚で。
さらに詳しく ＞ 購入 ＞

3 iPadを紹介するページへと移動します

別のウェブページに移動するための機能を「リンク」といいます

前に表示していたページに戻る

1 ページを移動したあと、＜をタップします

! ページを移動していない状態では＜は使えません

2 前に表示していたページに戻ります

画面の左端から右方向にスワイプしても、前に表示していたページに戻ることができます

おわり

Column 戻る直前に開いていたページに進む

＞をタップすると、戻る直前に開いていたページに進むことができます。

Section 22

別のウェブページを同時に開こう

タブ機能を使えば、複数のページを同時に開いておくことができます。別のタブに開いたウェブページは、タップして切り替えられます。

●操作に迷ったときは…… タップ 18ページ

新しいタブでウェブページを開く

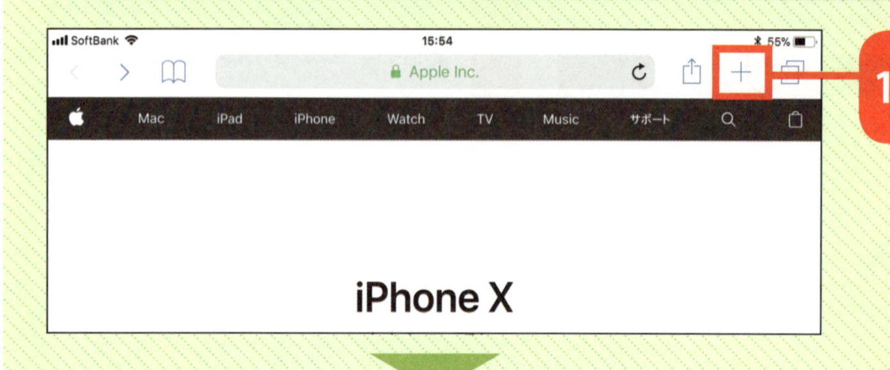

1 ＋をタップします

2 新しいタブが開きます

！「お気に入り」画面が表示されます

3 51、58ページを参考に、見たいウェブページを表示します

タブを切り替えて表示する

1 をタップします

2 表示したいページをタップします

3 ページが切り替わります

おわり

Column タブを閉じる

手順 2 の画面で × をタップすると、開いていたタブを閉じることができます。

Section 23 検索してウェブページを探そう

自分の見たいウェブページをインターネットから探したいときは、ウェブページに関連したキーワードを入力して検索してみましょう。

●操作に迷ったときは…… タップ 18ページ

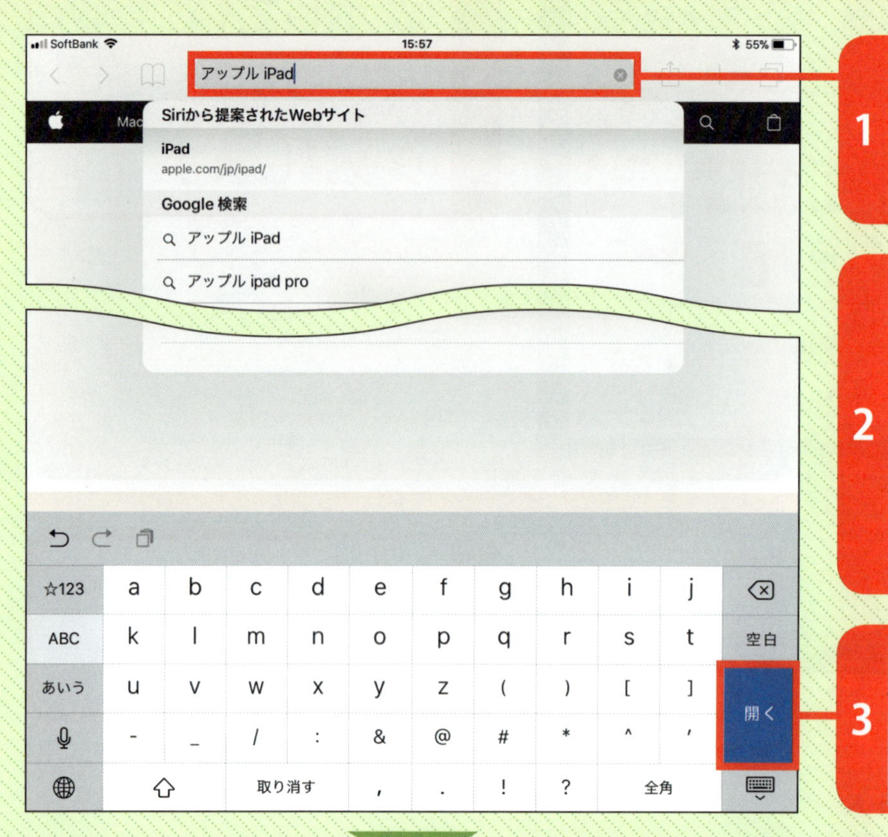

1 検索フィールドをタップします

2 「アップル iPad」と入力します

! 空白を入力するには<空白>をタップします

3 <開く>をタップします

4 キーワード「アップル iPad」に関連する検索結果が表示されます

! 位置情報に関する確認画面が表示されたら<OK>をタップします

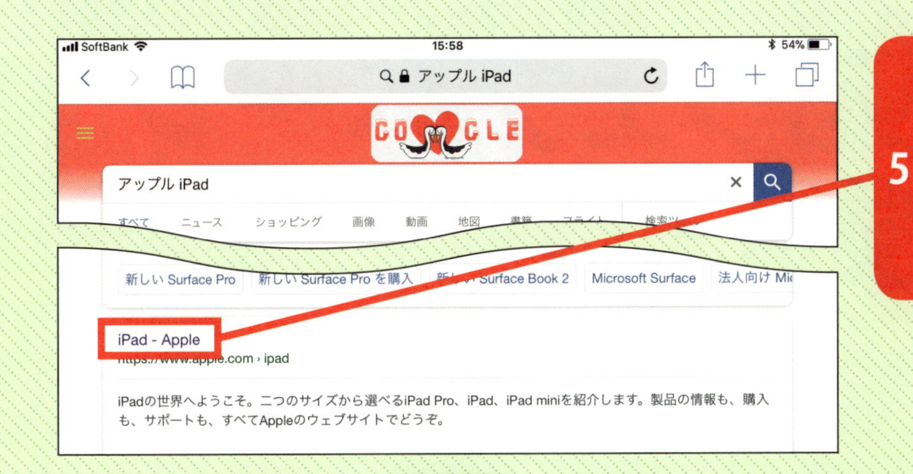

5 検索結果のリンクを**タップ**します

6 リンク先のウェブページが表示されます

おわり

Column ウェブページ内の文字を検索できる

検索フィールドにキーワードを入力した際、「このページ」に表示される候補をタップすると、表示しているウェブページ内の単語を検索できます。画面左下の∧∨をタップすることで、前後の該当箇所に移動します。

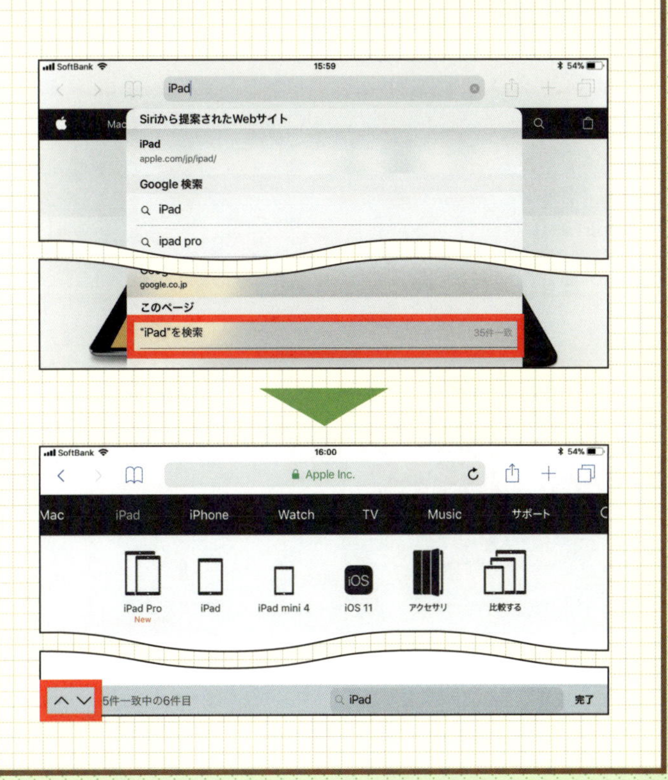

Section 24 よく見るウェブページを登録しよう

よく見るウェブページをブックマークに登録しておくと、アドレスを入力することなくかんたんにウェブページを表示できるようになります。

●操作に迷ったときは…… タップ 18ページ

1 58～59ページを参考に、よく見るウェブページを表示します

2 をタップします

3 ＜ブックマークを追加＞をタップします

ブックマークの登録以外にも、ウェブページのURLをメールに添付したり、Facebookに投稿したりできます

4 ブックマークの名前を入力します

! ブックマークの名前は、あとから自分が見てわかるものにしておきましょう

5 <保存>をタップすると、ブックマークに登録されます

おわり

Column ホーム画面からウェブページを表示できる

手順3で<ホーム画面に追加>→<追加>をタップすると、ウェブページのアイコンをホーム画面に追加できます。このアイコンをタップすると、ホーム画面から直接ウェブページを表示できます。

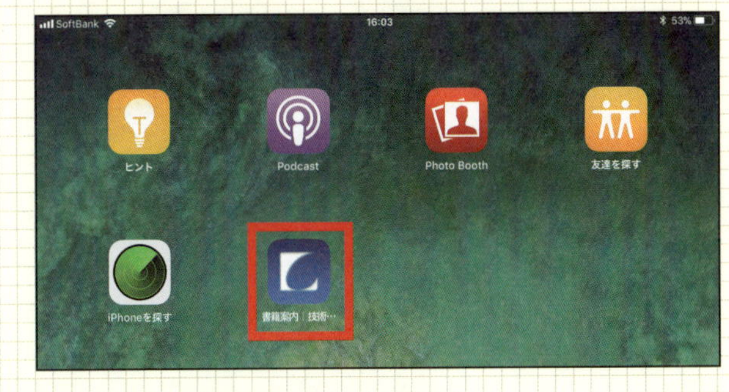

登録したウェブページを開こう

ウェブページをブックマークに登録したら、画面に表示してみましょう。タップするだけでかんたんに表示できます。

●操作に迷ったときは…… タップ 18ページ

1 📖をタップします

! ここでは、前のページで登録したブックマークを開きます

2 📖をタップします

3 <お気に入り>をタップします

場合によっては、はじめから次の手順4の画面が表示されることがあります

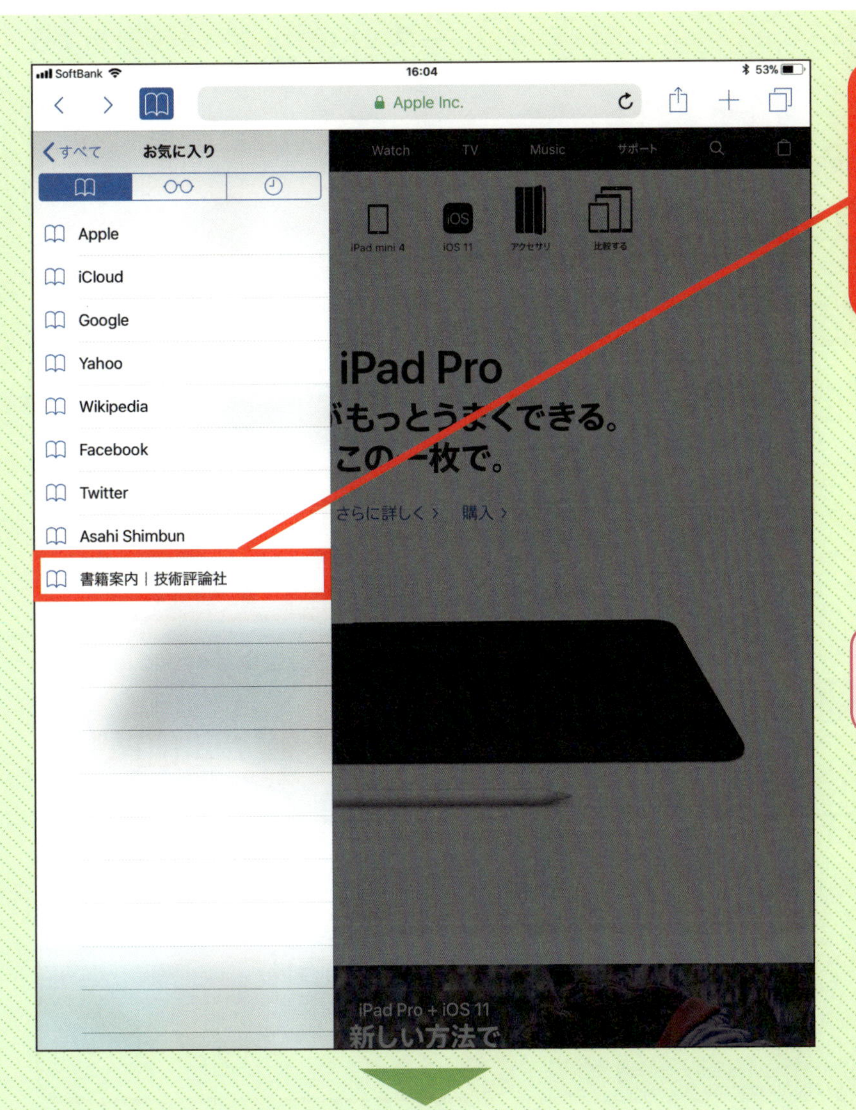

4 表示したいブックマークをタップします

前の画面に戻るには、<すべて>をタップします

5 登録したウェブページが表示されます

おわり

登録したウェブページを削除しよう

登録したブックマークは、いつでも削除できます。使わなくなったブックマークがあれば、削除して整理しておくとよいでしょう。

●操作に迷ったときは…… タップ 18ページ スワイプ 19ページ

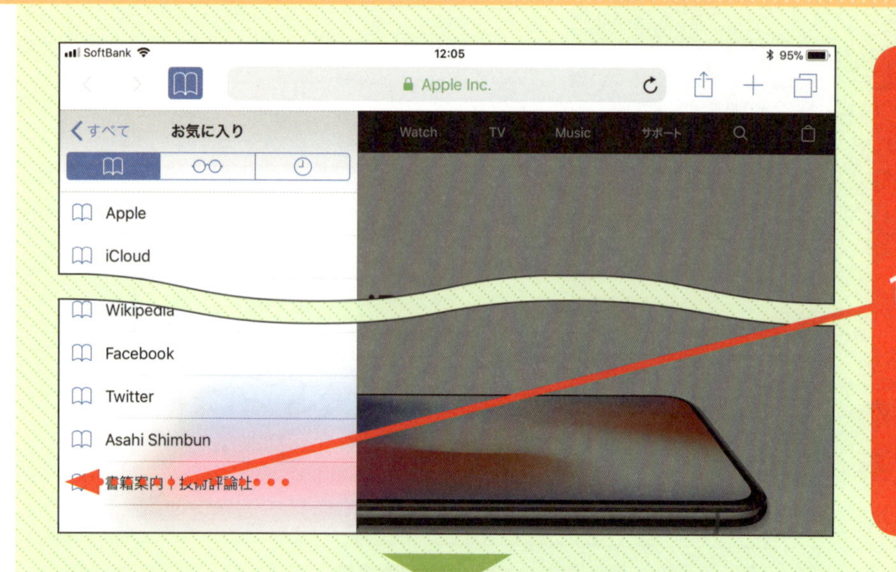

1 63ページ手順4の画面で、削除したいブックマークを左方向にスワイプします

2 <削除>をタップします

3 ブックマークが削除されます

おわり

第4章

写真や動画を楽しもう

iPadで写真や動画を撮りたいときは、「カメラ」というアプリを使用します。撮影した写真や動画はスライドショーで見たり、壁紙にしたりできます。

4

Section 27 iPadで写真を撮ろう

iPadの「カメラ」アプリは、写真と動画の両方を撮影できます。まずはホーム画面からカメラを起動して、写真を撮ってみましょう。

●操作に迷ったときは…… タップ 18ページ ピンチ操作 20ページ

1 ホーム画面で<カメラ>のアイコンをタップします

2 カメラが起動します

「"カメラ"の使用中に位置情報の利用を許可しますか?」と表示されたら、<許可>をタップします

3 カメラが「写真」モードになっているか、確認します

4 をタップして写真を撮影します

おわり

Column 撮影に便利な機能

■拡大／縮小

画面をピンチオープンすると拡大し、反対に画面をピンチクローズすると縮小します。

■ピント／露出

ピントを合わせたい箇所をタップすると、ピントと露出が合います。

Section 28 iPadで動画を撮ろう

「カメラ」アプリを起動したあとモードを「ビデオ」に切り替えれば、iPadで動画を撮影できます。写真とほぼ同じ手順で手軽に動画の撮影が楽しめます。

●操作に迷ったときは…… タップ 18ページ ドラッグ 21ページ

1 ホーム画面で<カメラ>のアイコンをタップします

2 カメラが起動します

3 右端にある「写真とビデオのオプション」を上下にドラッグし、「ビデオ」モードに切り替えます

4 ●をタップすると録画が始まります

録画中は画面上部に撮影時間が表示されます

5 ■をタップすると録画が終了します

おわり

カメラのモードには何がある?

カメラのモードには、「タイムラプス」「スロー」「ビデオ」「写真」「スクエア」「パノラマ」の6種類があり、さまざまな撮影を楽しむことができます。モードを切り替えるには、カメラを起動し、手順3と同様の動作を行います。

4章 写真や動画を楽しもう

Section 29 撮った写真や動画を確認しよう

撮影した写真と動画は、画面のサムネイルや「写真」アプリから表示できます。ここではサムネイルから確認する方法を解説します。

●操作に迷ったときは…… タップ 18ページ スワイプ 19ページ

1 写真の撮影後、画面右端のサムネイルをタップします

撮影後に保存された写真や動画の縮小画像を、サムネイルといいます

2 直前に撮影した写真が表示されます

! 右方向にスワイプすると、さらに以前の写真を見ることができます

3 <をタップすると、撮影画面に戻ります

<が表示されないときは画面の中央をタップします

おわり

動画を再生する

写真とほぼ同様の手順で動画も確認できます。撮影後に画面右端のサムネイルをタップし、▶をタップすると動画が再生されます。

写真アプリで写真や動画を見よう

撮影した写真や動画は「写真」アプリからも閲覧することができます。さらに写真の場合、かんたんな編集を行うことも可能です。

●操作に迷ったときは…… タップ 18ページ スワイプ 19ページ

1 ホーム画面から<写真>のアイコンをタップします

2 <アルバム>をタップします

3 <カメラロール>をタップします

使用状況によっては「カメラロール」は「すべての写真」と表示されます

4 一覧から見たい写真をタップします

5 タップした写真が表示されます

! 左右にスワイプすると前後の写真を表示できます

一覧に戻るには、画面をタップしてメニューを表示し、<カメラロール>をタップします

おわり

4章 写真や動画を楽しもう

Section 31 写真や動画を削除しよう

うまく撮影できなかった写真や動画は、iPadから削除することができます。ここでは例として、写真を削除する手順を解説します。

●操作に迷ったときは…… タップ 18ページ

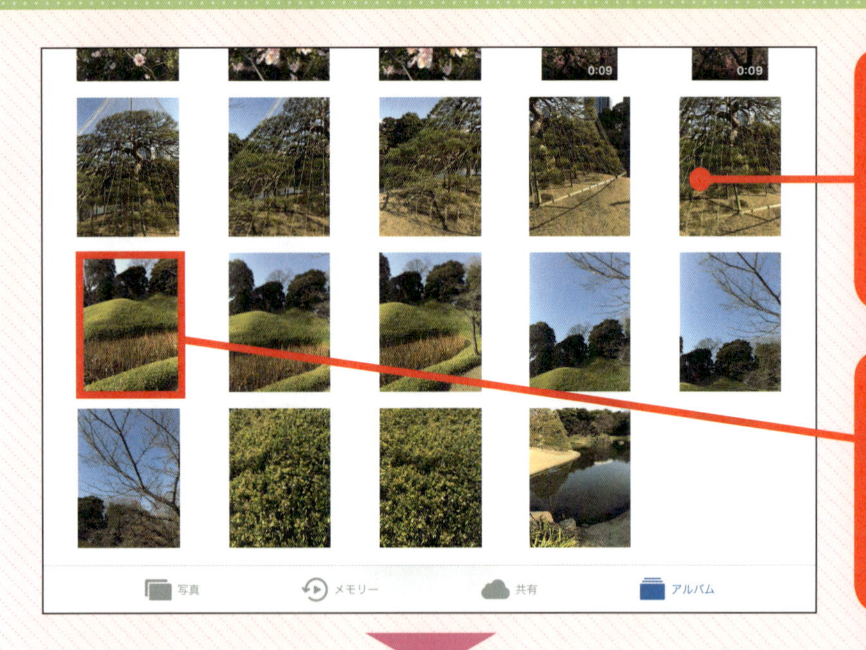

1 72ページを参考に写真の一覧を表示します

2 一覧から削除したい写真をタップします

3 🗑をタップします

🗑が表示されていないときは画面をタップすると、再び表示されます

4 <写真を削除>をタップすると、写真が削除されます

おわり

4章 写真や動画を楽しもう

Column 複数の写真をまとめて削除する

複数の写真をまとめて削除したい場合は、写真が一覧表示されている画面で右上の<選択>をタップします。削除したい写真をタップして選択し、🗑をタップしてから、<○枚の写真を削除>をタップします。

Section 32 写真をスライドショーで見よう

撮影した写真は、スライドショーとして連続して再生できます。旅行の写真などをゆっくり楽しみたいときなどに便利な機能です。

●操作に迷ったときは……　タップ 18ページ

1 72ページを参考に写真の一覧を表示します

2 <スライドショー>をタップします

3 スライドショーが始まります

スライドショーとは、写真を順番に自動的に切り替えながら表示する機能です

4 自動的に写真が切り替わります

5 画面をタップし、<完了>をタップすると、スライドショーが終了します

<オプション>をタップしてスライドショーの表示方法（テーマ）を変更したり、BGMを設定したりすることもできます

おわり

Section 33 お気に入りの写真を壁紙にしよう

撮影した写真は、ロック画面やホーム画面の壁紙にできます。お気に入りの作品があれば、ぜひ設定しましょう。

●操作に迷ったときは……　タップ 18ページ　ピンチ操作 20ページ　ドラッグ 21ページ

1 ホーム画面から<設定>のアイコンをタップします

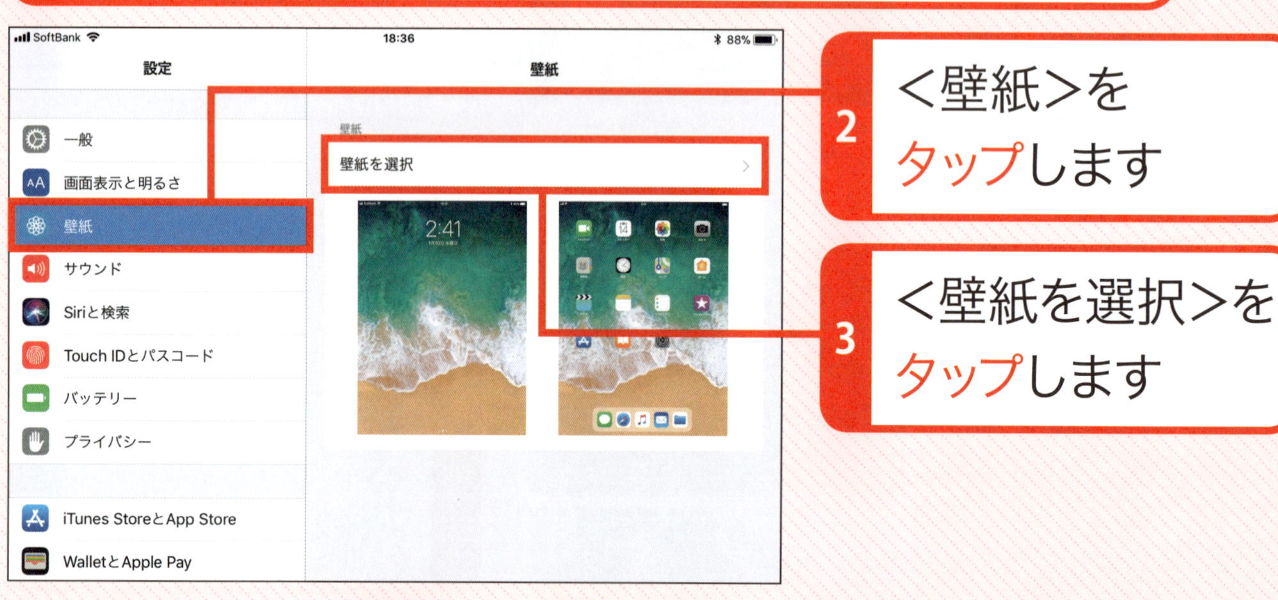

2 <壁紙>をタップします

3 <壁紙を選択>をタップします

4 壁紙にしたい写真の保存場所をタップします

「カメラロール」にはiPadで撮影した写真が保存されています

5 壁紙にしたい写真を**タップ**します

6 画面を**ドラッグ**、または**ピンチオープン／ピンチクローズ**して写真の表示部分を調整します

7 ＜ホーム画面に設定＞を**タップ**します

! ロック画面の壁紙に設定する場合は＜ロック中の画面に設定＞、両方に設定する場合は＜両方に設定＞をタップします

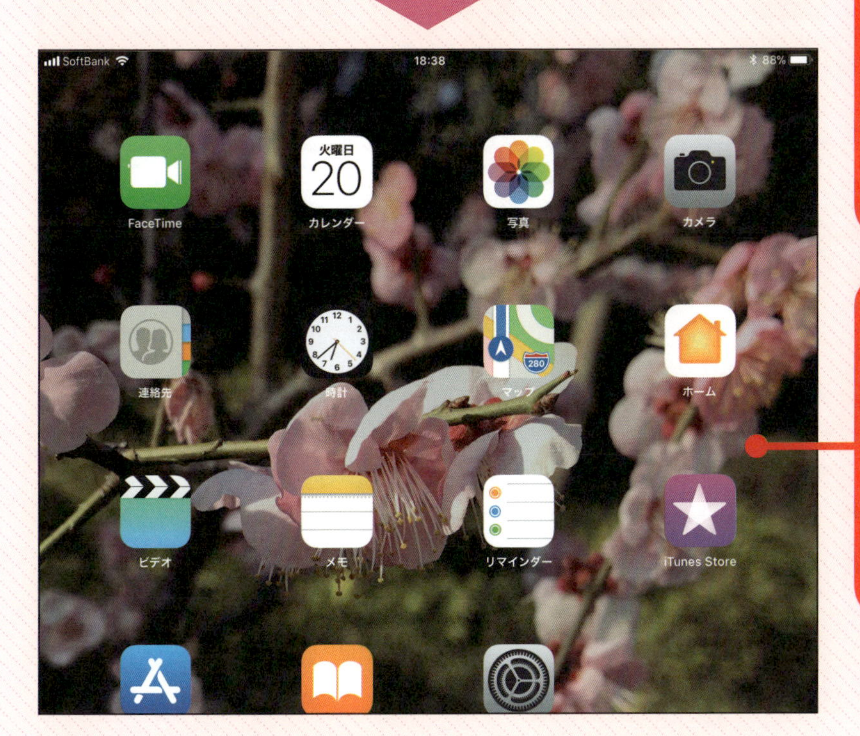

8 選択した写真がホーム画面の壁紙に設定されます

おわり

Section 34 写真を編集しよう

撮影した写真は、自由に編集できます。フィルターをかけて雰囲気を変えたり、トリミングして余計な部分をカットしたりしましょう。

●操作に迷ったときは…… タップ 18ページ

写真を編集する

1 72ページを参考に写真の一覧を表示します

2 一覧から編集したい写真をタップします

3 <編集>をタップします

4 フィルターをかけるには■をタップします

明るさを自動補正するには■を、トリミングするには■を、色を補正するには■をタップします

5 適用したいフィルターをタップします

■→＜変更内容を破棄＞をタップすると、編集を中止できます

6 ■をタップすると、編集が完了します

次へ

編集した写真をもとに戻す

1 80ページを参考に写真の編集画面を表示します

2 ＜元に戻す＞をタップします

3 ＜オリジナルに戻す＞をタップすると、編集前の写真に戻ります

編集前の写真に戻すと、編集内容が完全に破棄されるため、気を付けてください

おわり

第5章

メールを使いこなそう

iPadでは、メールを利用することができます。この章ではメールアプリの画面の見方やメールの送信方法、閲覧方法を解説します。また、メールに写真を添付する方法や、不要なメールを削除する方法も紹介します。

5

Section 35 メールの画面について知ろう

iPadでは、インターネットやカメラだけでなく、メールもかんたんに利用することができます。ここでは、まずメールアプリの画面の見方について解説します。

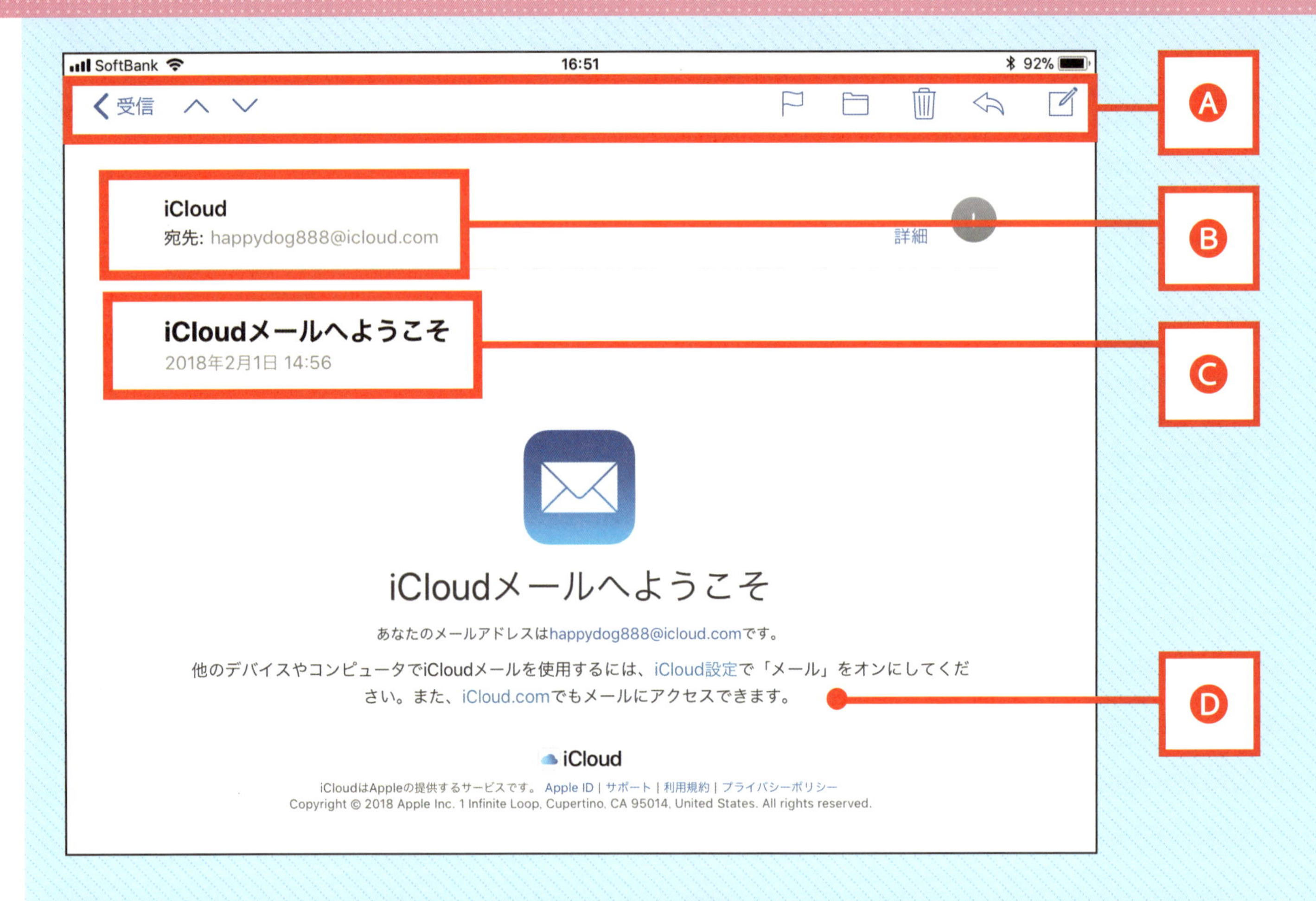

A
メールの作成や返信、転送などの操作が行えます。

B
メールの差出人と宛先のアドレスまたは名前が表示されます。

C
メールの件名（タイトル）と、受信した日時が表示されます。

D
メール本文や添付画像などが表示されます。

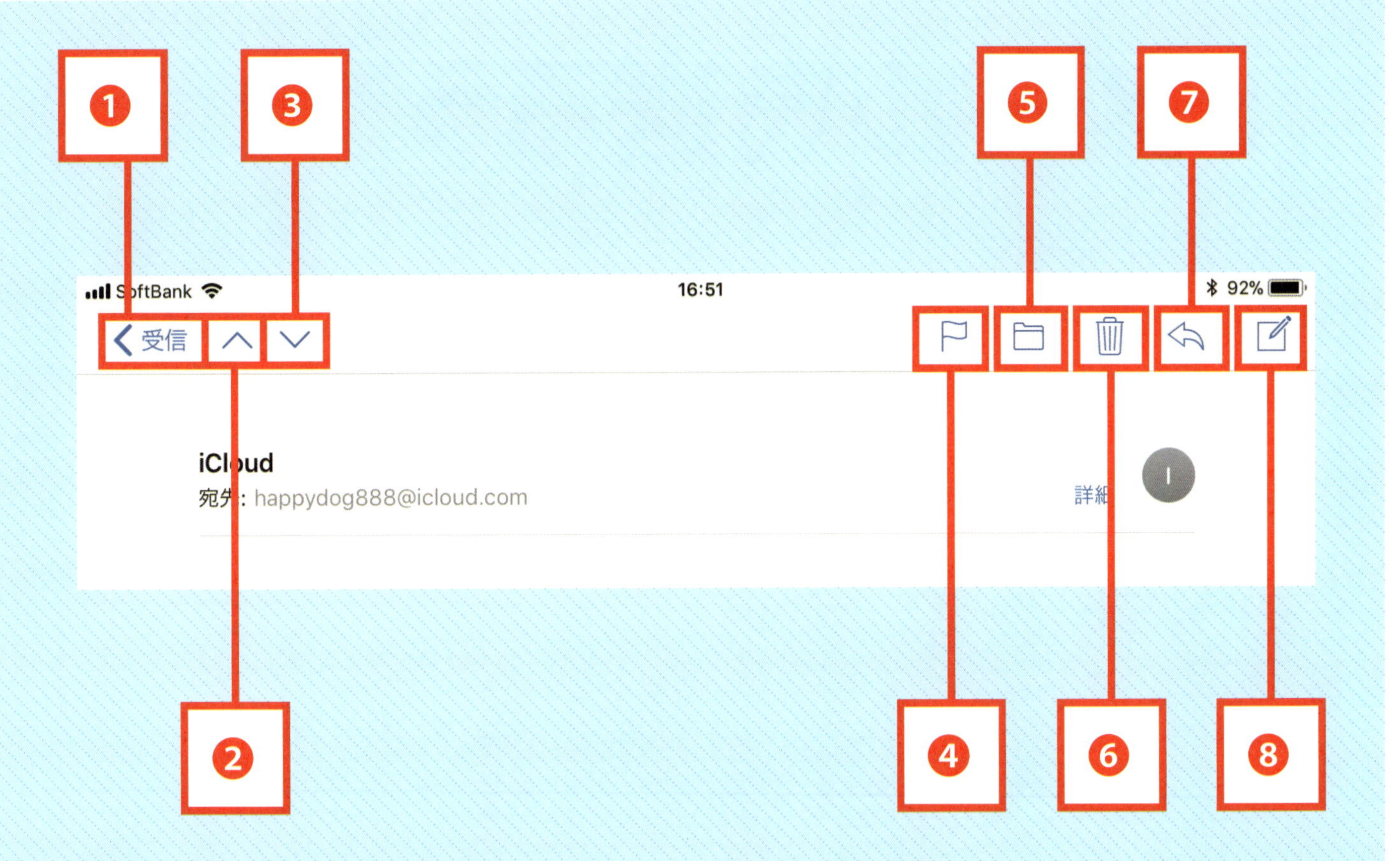

❶ メールボックスまたはアカウント

受信したメールの一覧を表示します。使用するメールアカウントを切り替えることもできます。

❷ ボタン

1つ上の受信メールを表示します。

❸ ボタン

1つ下の受信メールを表示します。

❹ ボタン

重要なメールにマークを付け、ほかのメールと区別できるようにします。

❺ ボタン

メールを受信トレイ以外の保管場所に移動できます。

❻ ボタン

不要になったメールを受信トレイから削除できます。

❼ ボタン

メールの返信や転送、プリントなどが行えます。

❽ ボタン

新しいメールを作成できます。

おわり

Section 36 メールを送ろう

メールメニュー右端の をタップすると、新しいメールを作成できます。件名と本文を入力したら、宛先が正しいかよく確認して、送信しましょう。

●操作に迷ったときは…… タップ 18ページ

1 ホーム画面から <メール>の アイコン を タップします

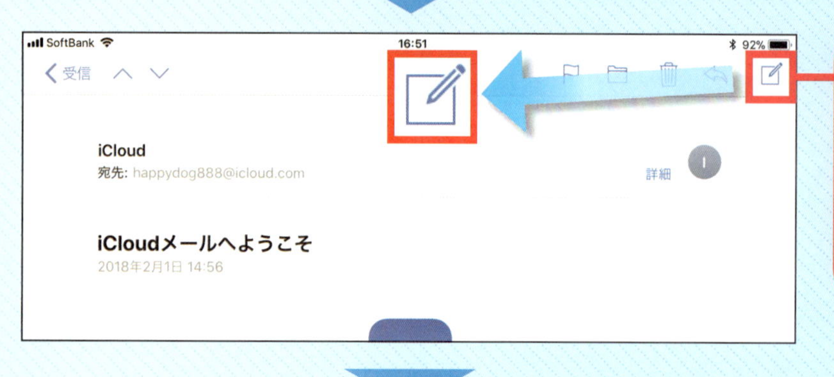

2 「メール」画面が 表示されたら、 をタップします

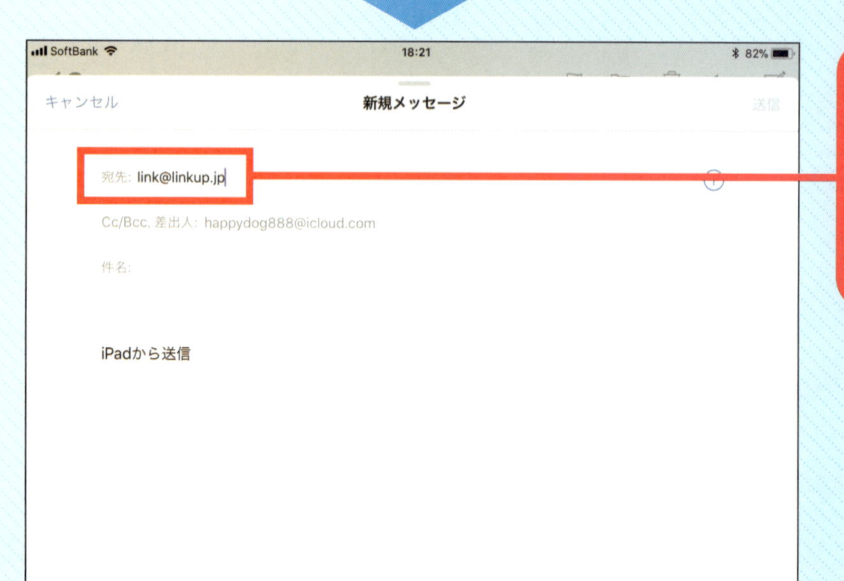

3 宛先をタップし、 メールアドレスを 入力します

4 件名をタップし、件名を入力します

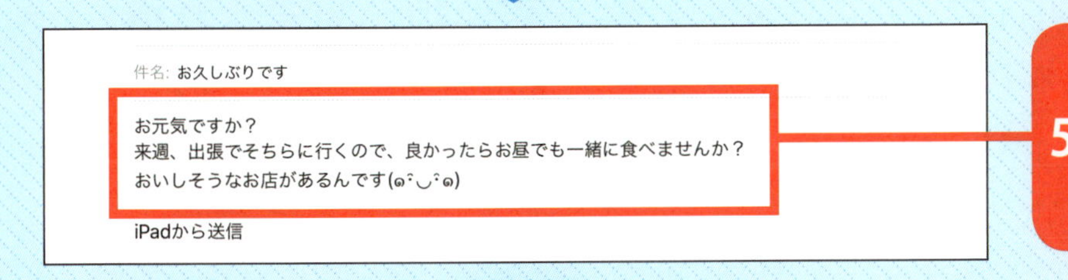

5 本文欄をタップし、文面を入力します

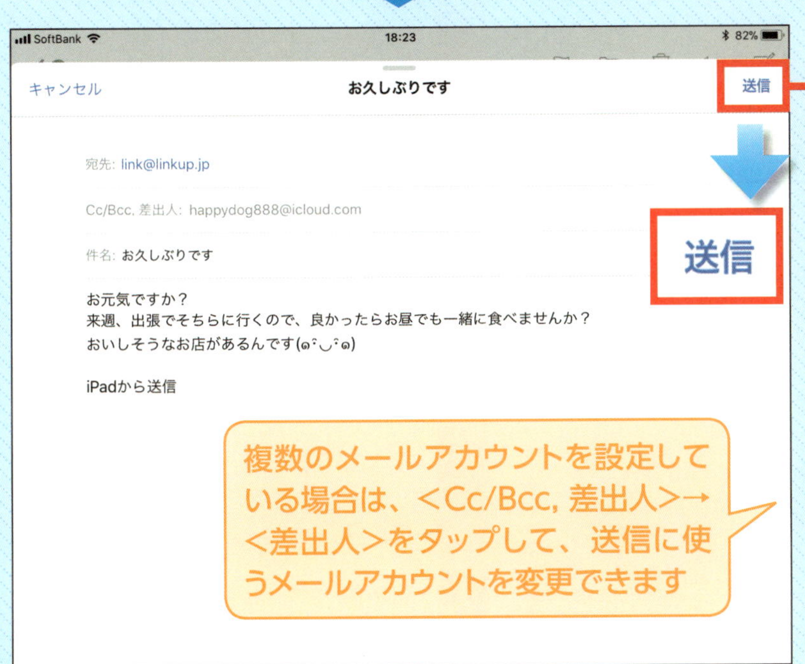

6 <送信>をタップすれば、メールが指定した宛先に送信されます

複数のメールアカウントを設定している場合は、<Cc/Bcc, 差出人>→<差出人>をタップして、送信に使うメールアカウントを変更できます

おわり

Column 複数のメールアカウントを設定するには?

iPadでは複数のメールサービスを使い分けることができます。ここでは、Apple ID（付録2参照）を登録すると使えるようになる「iCloudメール」を例に、操作方法を解説しています。メールアカウントの設定方法については付録5を参照してください。

Section 37 受信したメールを読もう

メールを受信すると「メール」アプリのアイコン右上に件数が表示されます。ここでは、受信したメールを確認する方法を解説します。

●操作に迷ったときは……　タップ 18ページ　スワイプ 19ページ　ドラッグ 21ページ

1 メールを受信すると、アイコンの右上に件数が表示されます

2 ホーム画面から＜メール＞のアイコンをタップします

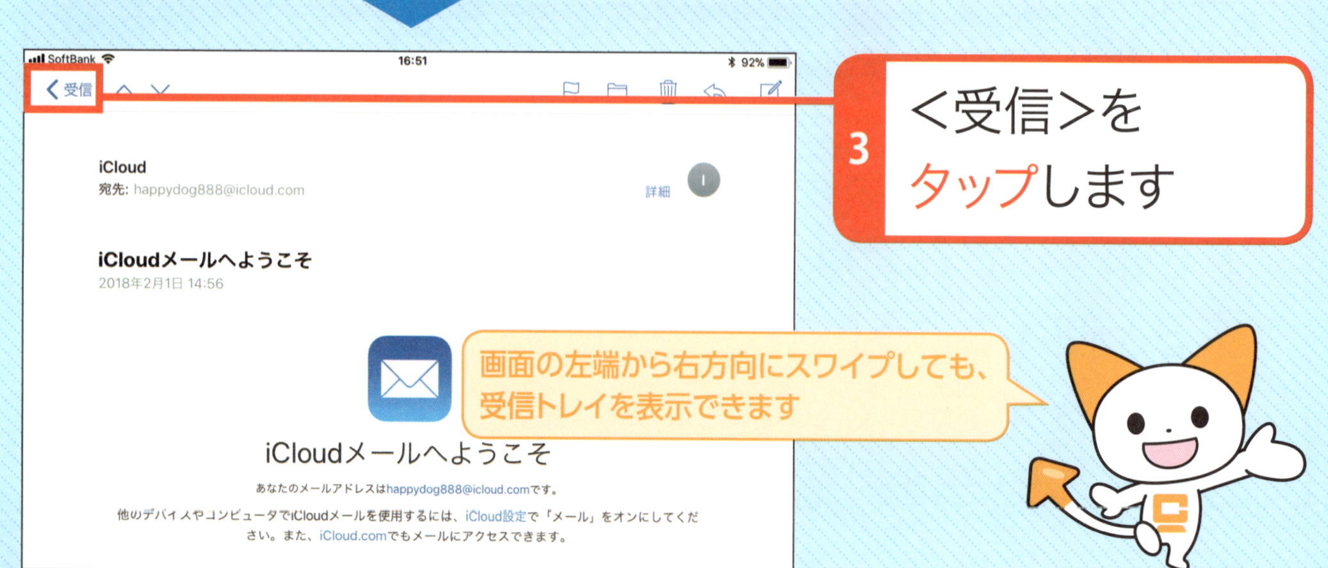

3 ＜受信＞をタップします

画面の左端から右方向にスワイプしても、受信トレイを表示できます

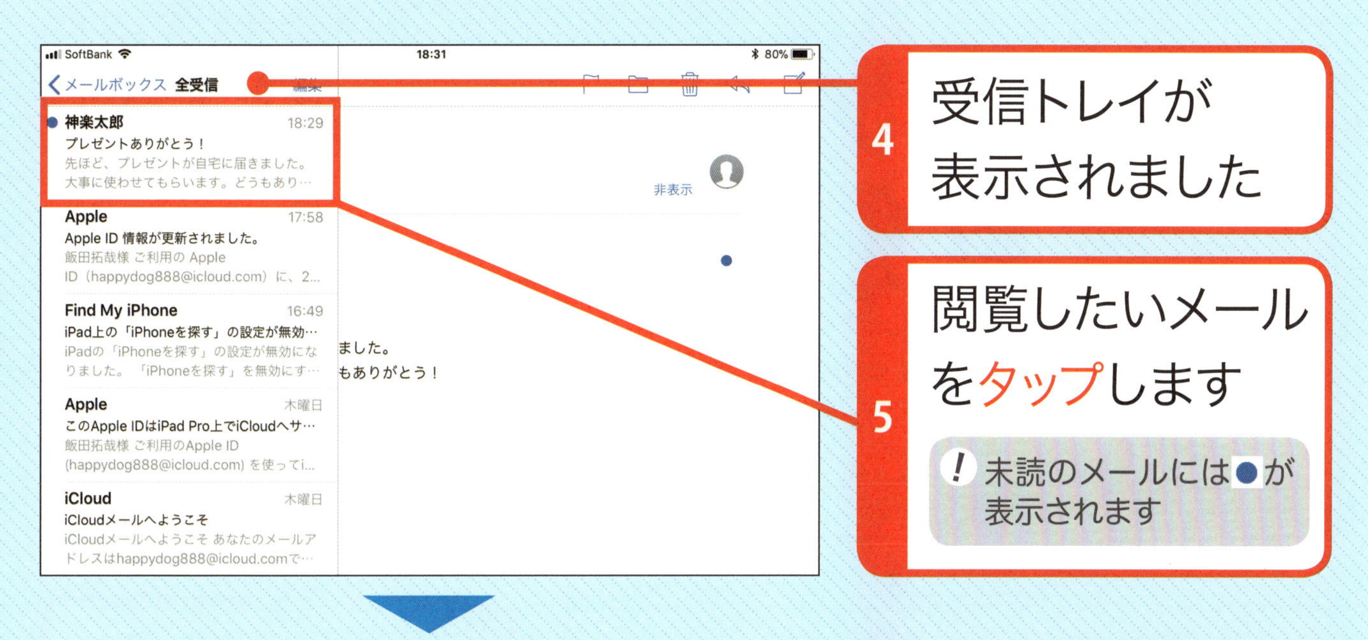

4 受信トレイが表示されました

5 閲覧したいメールをタップします

! 未読のメールには●が表示されます

6 メールの本文が表示されます

おわり

Column メールボックスを更新する

新着メールを確認したい場合、メールボックスを更新することでメールを受信することもできます。メールボックスを更新するには、「メールボックス」画面を下方向にドラッグし、指を離します。

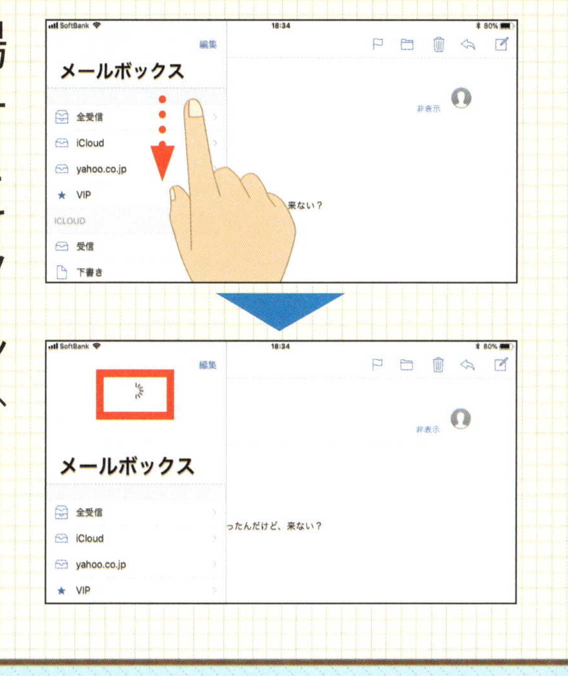

Section 38 メールに添付された写真を保存しよう

iPadでは、メールに添付された写真を「写真」アプリに保存できます。友人などから送られてきた写真が気に入ったら、ぜひ保存しておきましょう。

●操作に迷ったときは…… タップ 18ページ

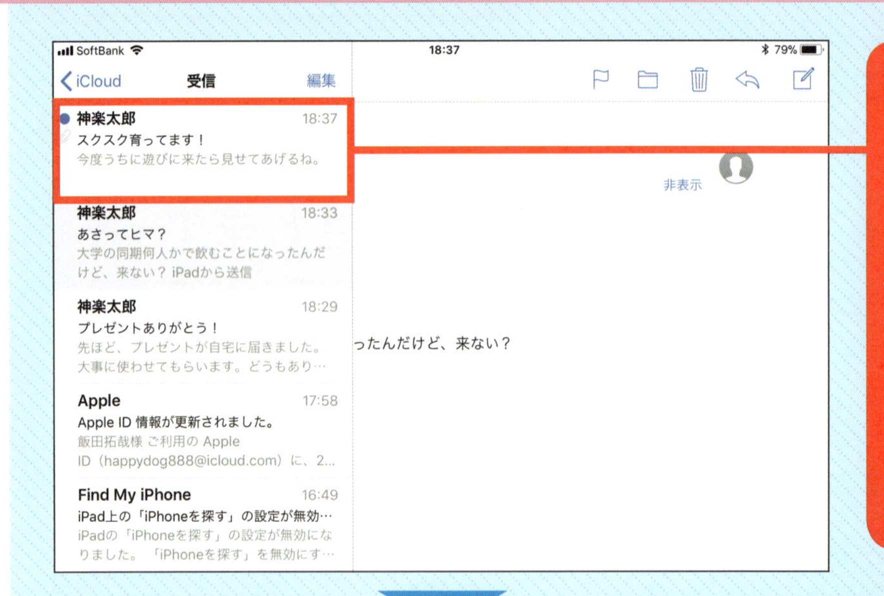

1 受信トレイから、写真が添付されているメールをタップします

! 写真が添付されたメールは、タイトルの左に📎が表示されます

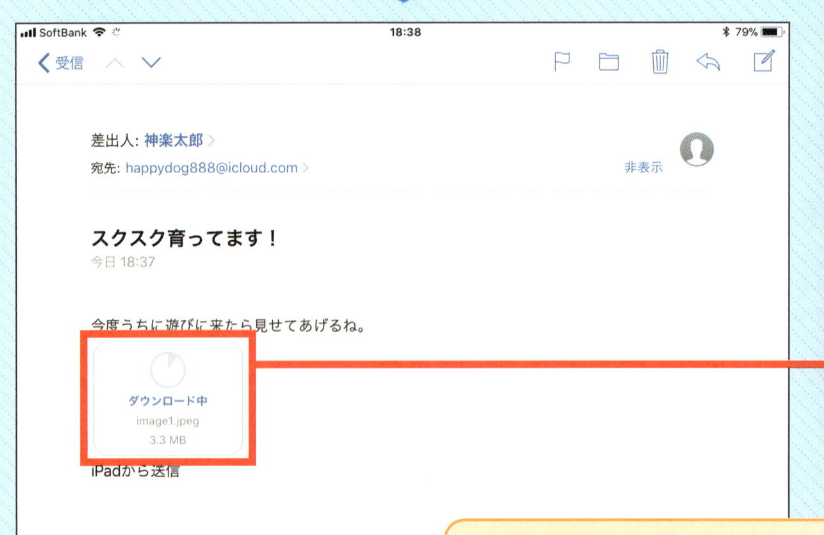

2 写真のダウンロードが始まります

! アイコンではなく、写真がそのまま表示されていることもあります

自動でダウンロードが始まらない場合は、<タップしてダウンロード>をタップするとダウンロードが始まります

3 写真がメールの本文欄に表示されました

4 写真をタップします

5 をタップします

6 <画像を保存>をタップします

7 「写真」アプリに写真が保存されます

保存した写真は「写真」アプリの「カメラロール」（または『すべての写真』）というアルバムで見ることができます

おわり

39 メールに返信しよう

受信したメールに返信したいときは、画面上部の↩をタップします。また、そのメールをほかの人に転送することも可能です。

●操作に迷ったときは…… タップ 18ページ

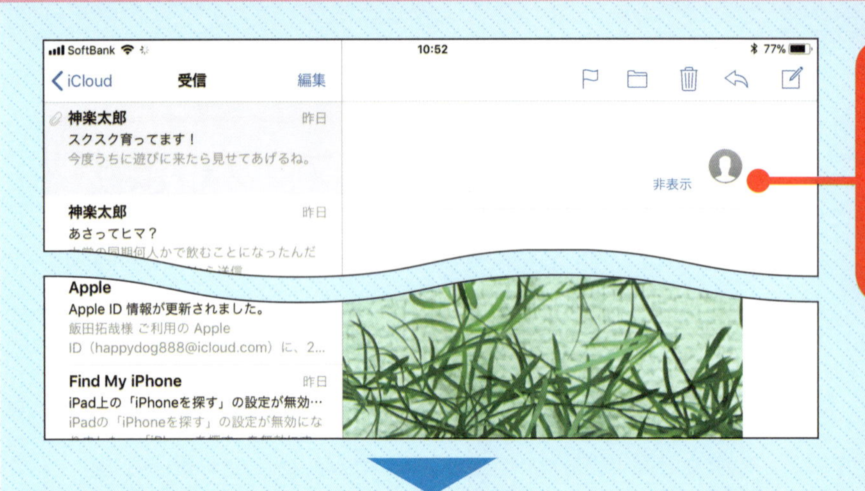

1 返信したいメールを表示します

2 ↩をタップします

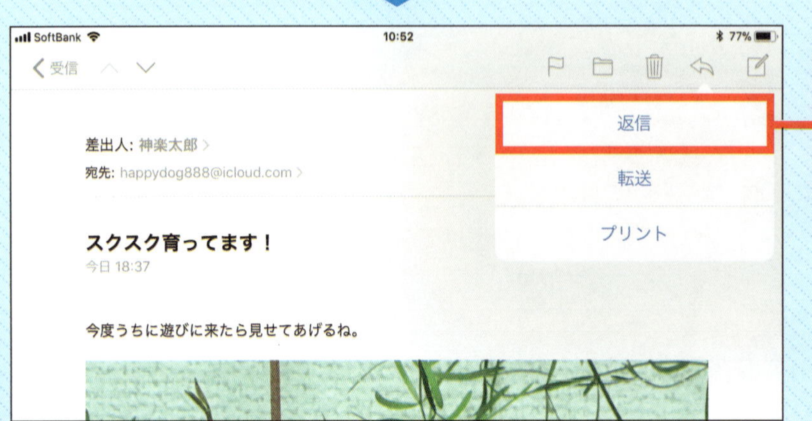

3 <返信>をタップします

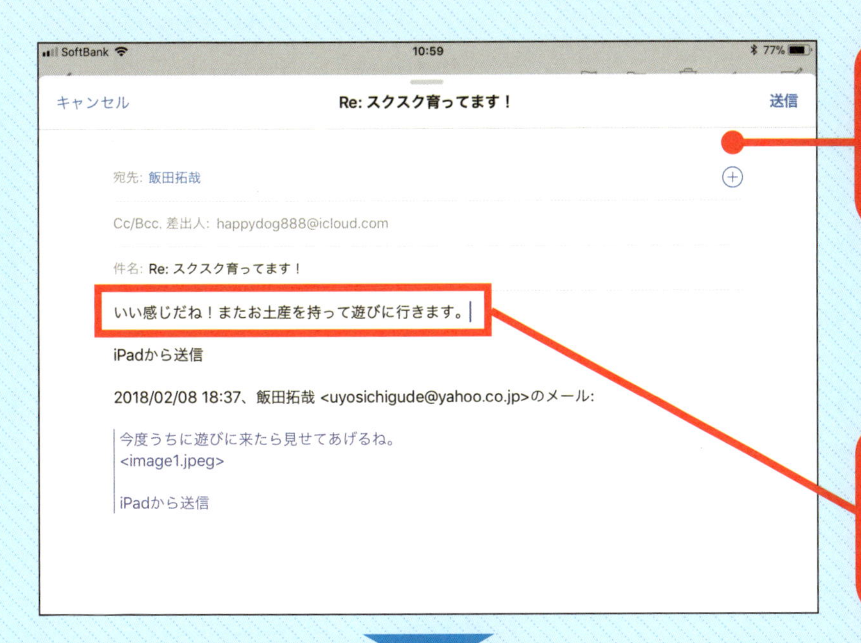

4 返信画面に切り替わります

5 キーボードで文面を入力します

6 <送信>をタップするとメールが相手に返信されます

返信メールには、画面下にもとのメールが引用されます

おわり

Column メールを転送する

手順 3 で<転送>をタップすれば、受信したメールをほかの人へ転送することができます。同窓会や定例会など、催し物の案内メールをほかの人と広く共有したいときなどに活用しましょう。

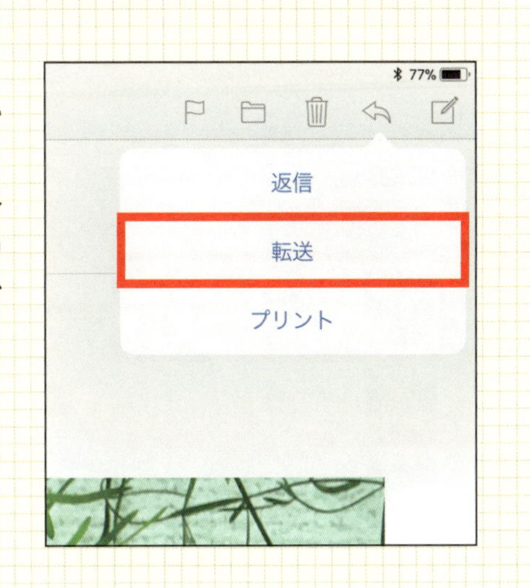

Section 40 写真をメールで送ろう

iPadでは、保存した写真をメールに添付して送信することができます。旅行先で撮った写真を友人に送りたい場合などに活用しましょう。

●操作に迷ったときは…… タップ 18ページ タッチ 21ページ

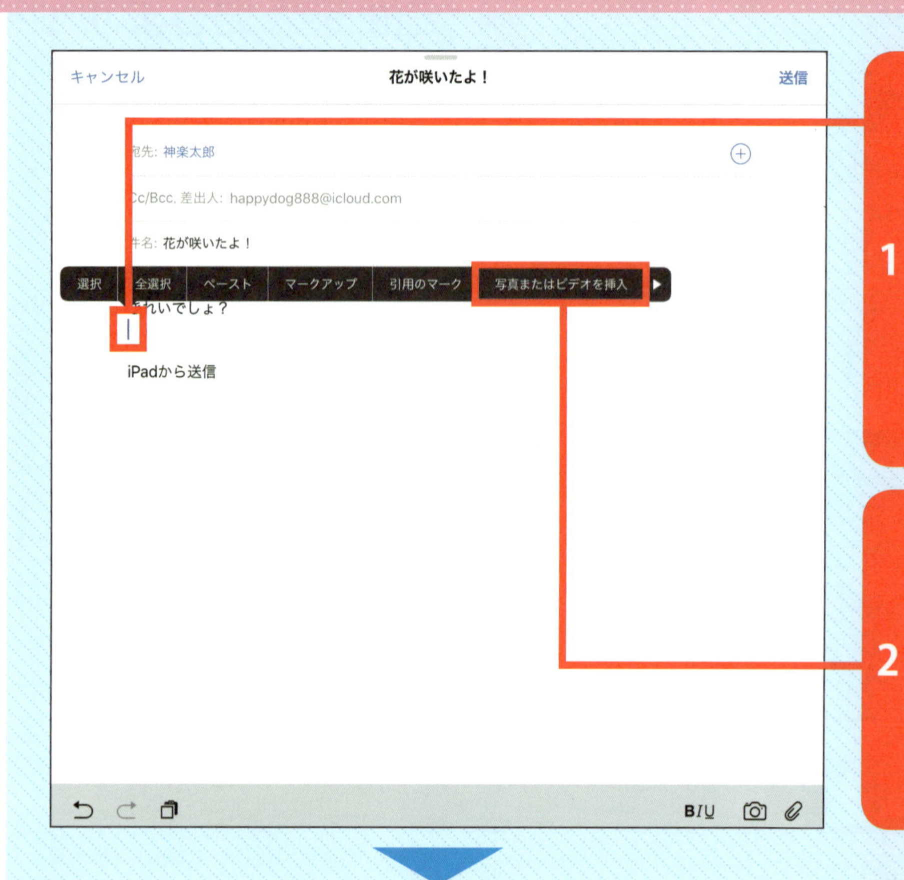

1 メール作成中、写真を添付したい場所をタッチして押したままにします

2 画面から指を離して<写真またはビデオを挿入>をタップします

3 添付したい写真が保存されているアルバムをタップします

4 一覧から写真をタップします

5 <使用>をタップすると、写真がメールに添付されます

6 <送信>をタップします

写真の添付をやめたい場合は写真をタップして、キーボード右上の⊗をタップします

5章 メールを使いこなそう

おわり

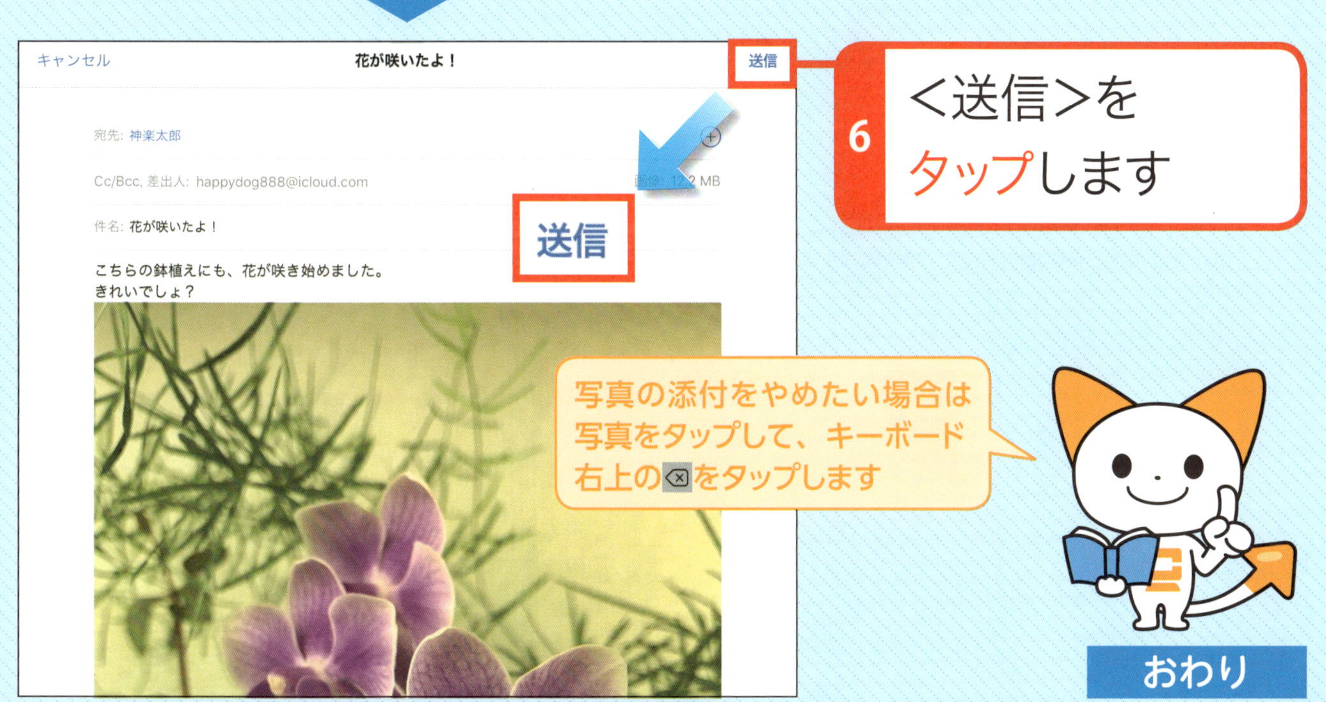

Section 41 不要なメールを削除しよう

メールは削除することができます。受信メールが増えて目的のメールが探しにくいと感じたときなどは、不要なメールを削除するとよいでしょう。

●操作に迷ったときは…… タップ 18ページ

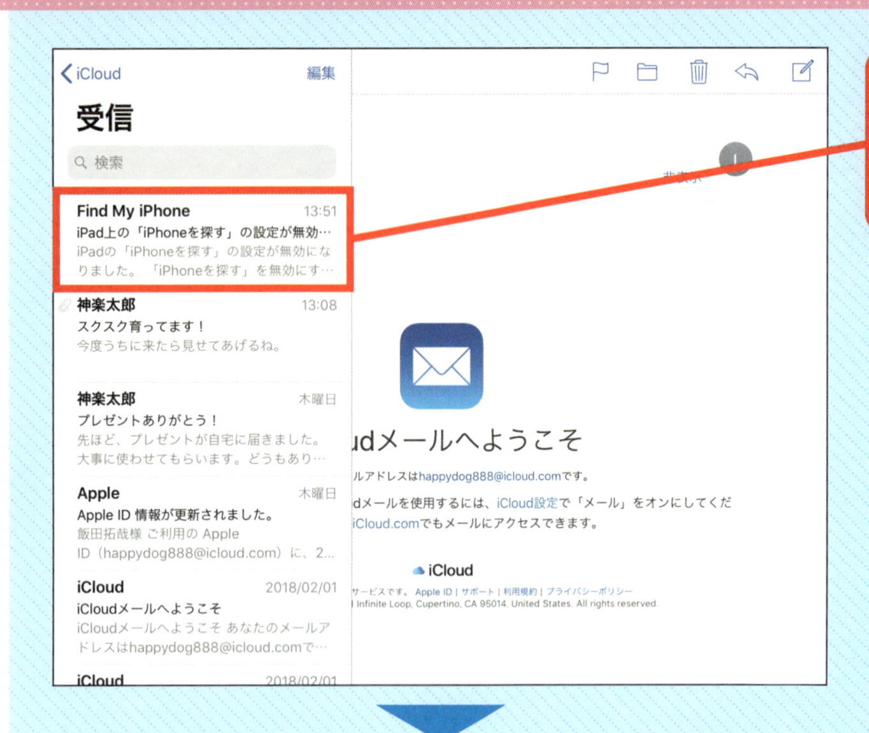

1 不要なメールをタップします

2 🗑 をタップすると、メールが削除されます

おわり

第6章 アプリを使ってみよう

ホーム画面にはじめから用意されているアプリだけでもインターネットやカメラ、メモやテレビ電話などを利用することができます。より便利にiPadを利用したい場合は、App Store（アップストア）からアプリを追加（インストール）しましょう。

Section 42 「アプリ」で何ができるの？

iPadには、さまざまな便利アプリが用意されています。ここでは、iPadに最初から入っているアプリの使い方を解説します。

操作に迷ったときは……タップ 18ページ

アプリって何？

アプリ（アプリケーション）とは、メールや電話、ゲームや音楽プレイヤーなど、OS上で動くソフトウェアのことを指します。アプリはあとから追加していくことができます。地図を見たり電子書籍を読めたりと、その種類はまさに千差万別です。

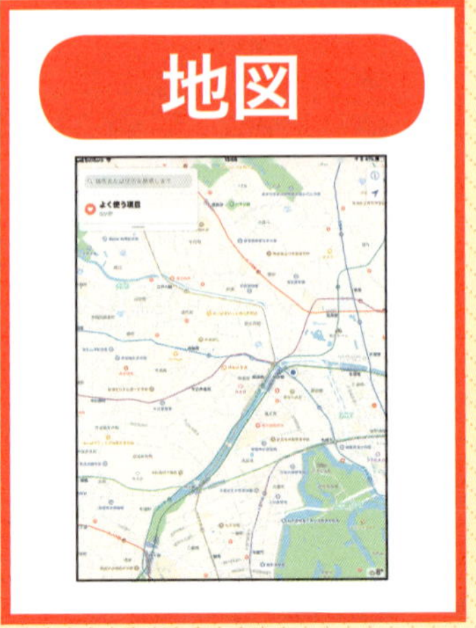

アプリを追加するには

アプリは、「App Store」から追加（インストール）することで使用できるようになります。「App Store」とはあらゆる種類のアプリを取り扱っている、いわばアプリの専門店です。
なお、アプリをインストールする際には、iPadをインターネットに接続している必要があります。付録6を参考に設定を行いましょう。

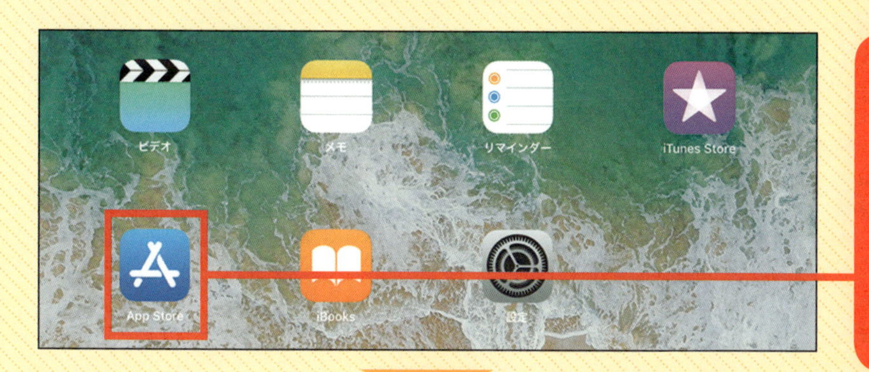

1 ホーム画面から<App Store>のアイコン→<続ける>をタップします

2 <App Store>が起動します

! 位置情報に関する確認画面が表示されたら<許可>をタップします

アプリの検索とインストール方法は、118～125ページで解説します

おわり

Section 43 iPadでメモを取ろう

iPadでは「メモ」アプリを利用して、書き留めておきたいことをメモすることができます。メモはテキスト入力だけでなく、手書きにも対応しています。

●操作に迷ったときは……　タップ 18ページ　ドラッグ 21ページ

新しいメモを追加する

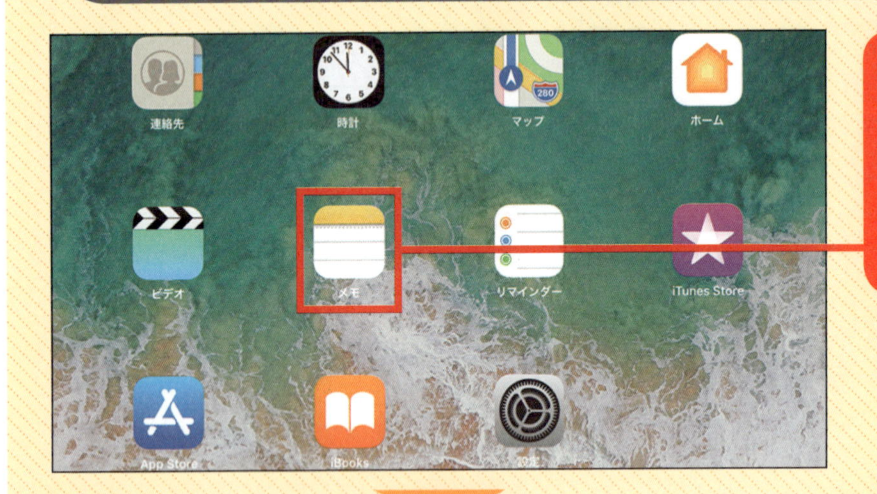

1 ホーム画面から＜メモ＞のアイコンをタップします

SoftBank　12:00　51%
＜メモ
買い物リスト
じゃがいも
にんじん
たまねぎ
レタス

2 画面をタップしてキーボードを表示し、メモしたい内容を入力します

3 画面左上の＜メモ＞をタップすると、メモが保存されます

チェックボックスを利用する

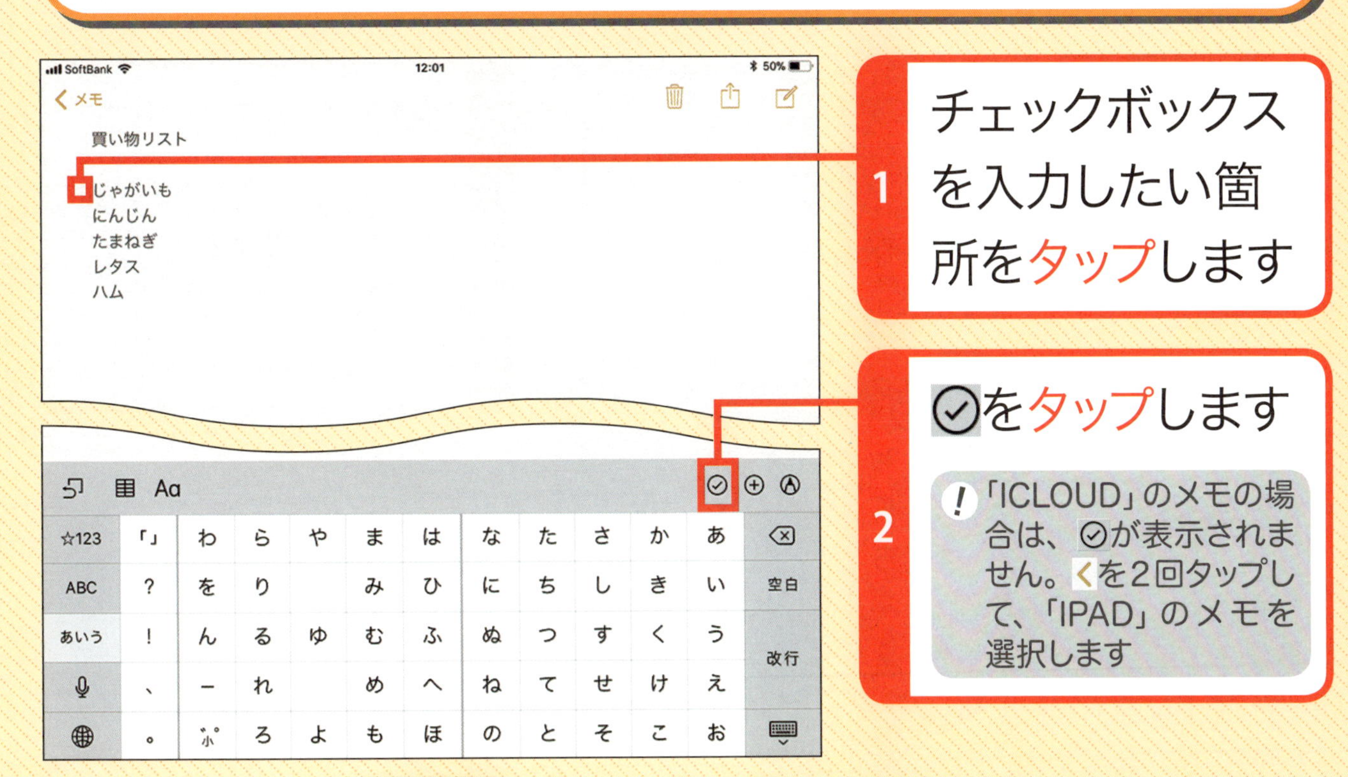

1 チェックボックスを入力したい箇所をタップします

2 ⊘をタップします

！「ICLOUD」のメモの場合は、⊘が表示されません。＜を2回タップして、「IPAD」のメモを選択します

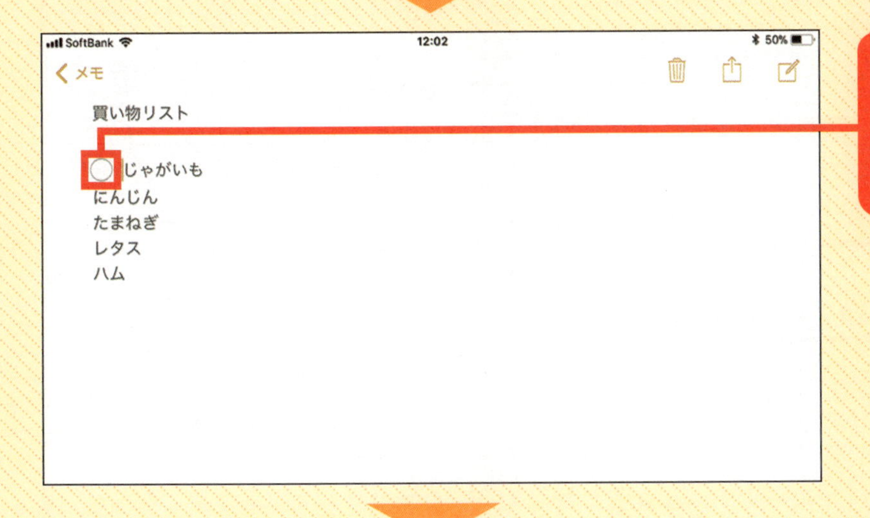

3 チェックボックスが作成されます

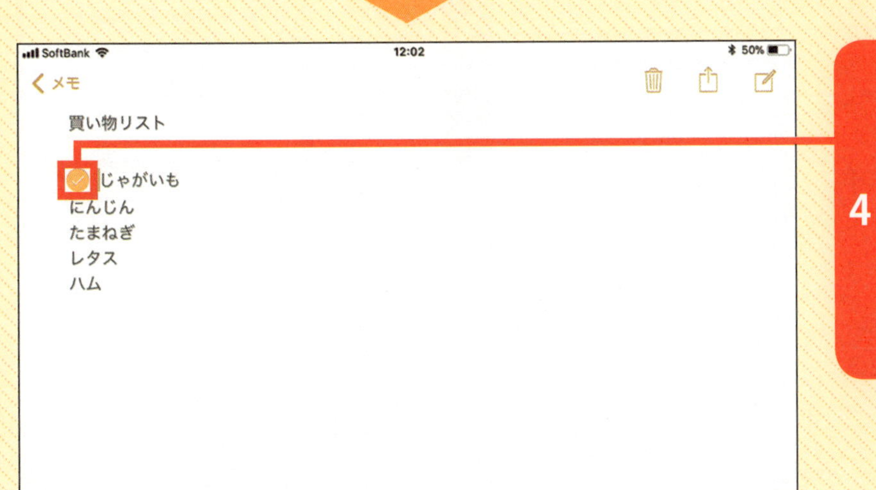

4 チェックボックスをタップすると、チェックが付きます

6章 アプリを使ってみよう

次へ

手書きメモを追加する

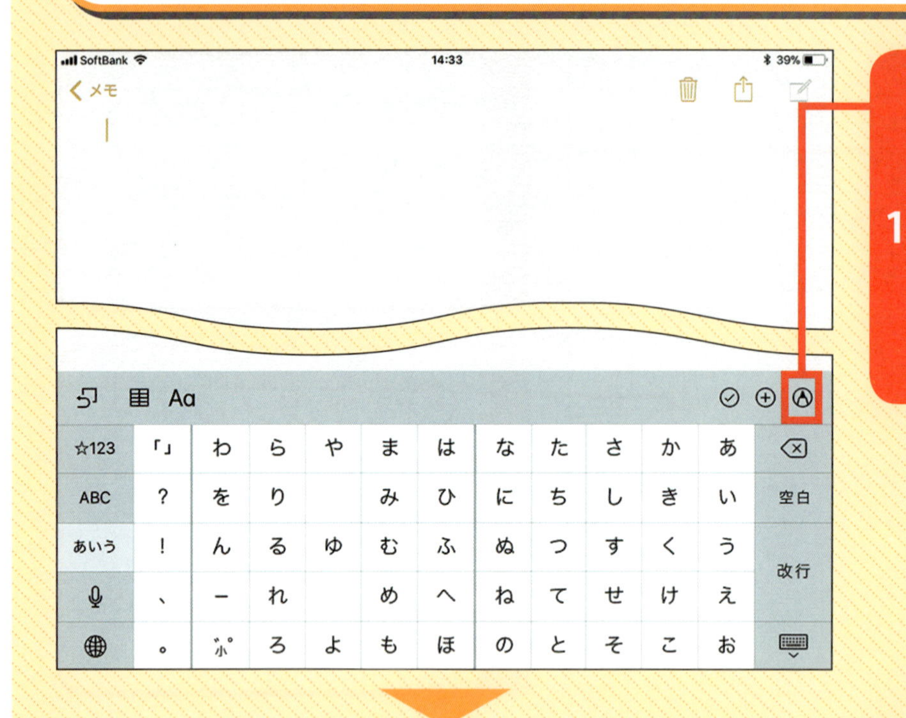

1 Ⓐをタップします

!「ICLOUD」のメモの場合は、Ⓐが表示されません。＜を2回タップして、「IPAD」のメモを選択します

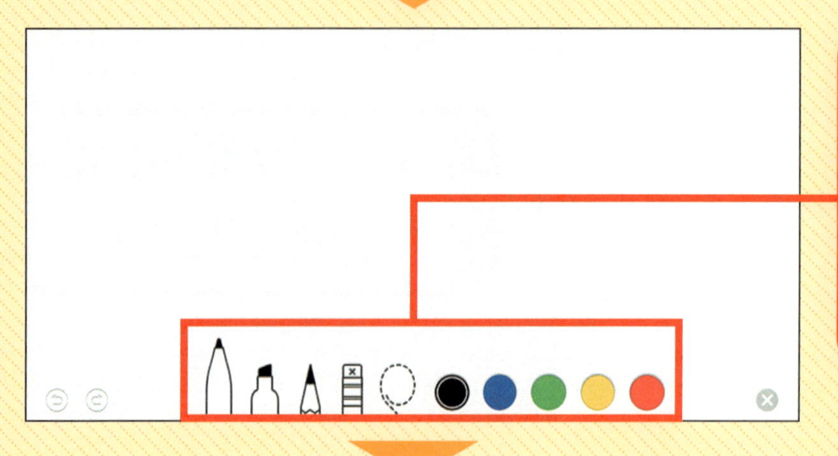

2 画面下部から使いたいペンの種類と色をタップして選択します

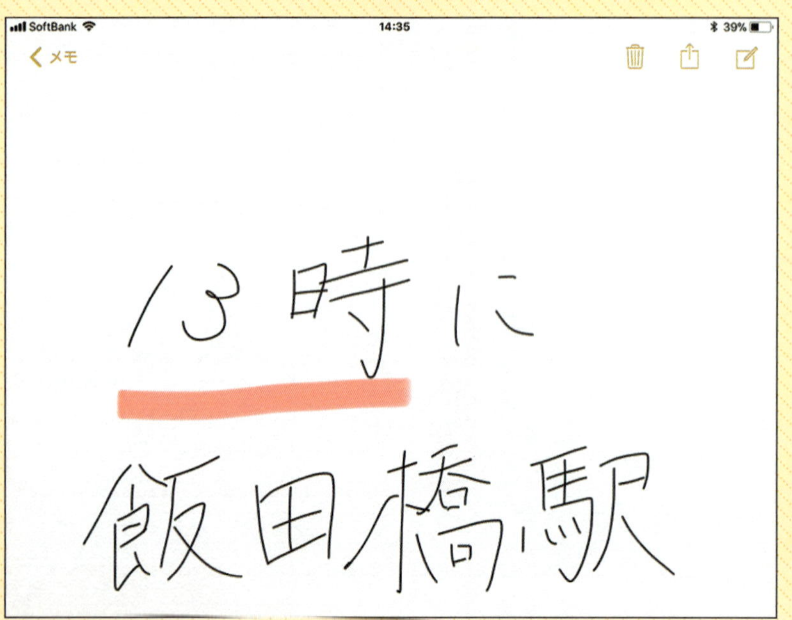

3 画面をドラッグして文字を書くことができます

メモを削除する

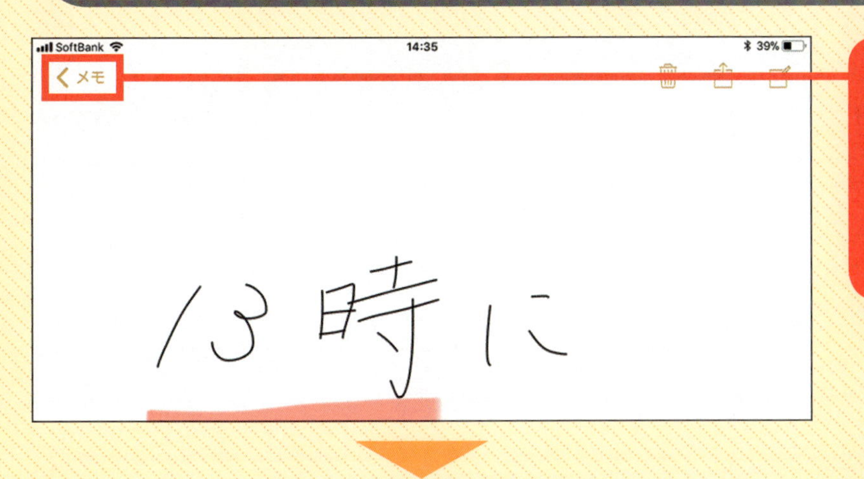

1 画像左上の＜メモ＞をタップします

2 ＜編集＞をタップします

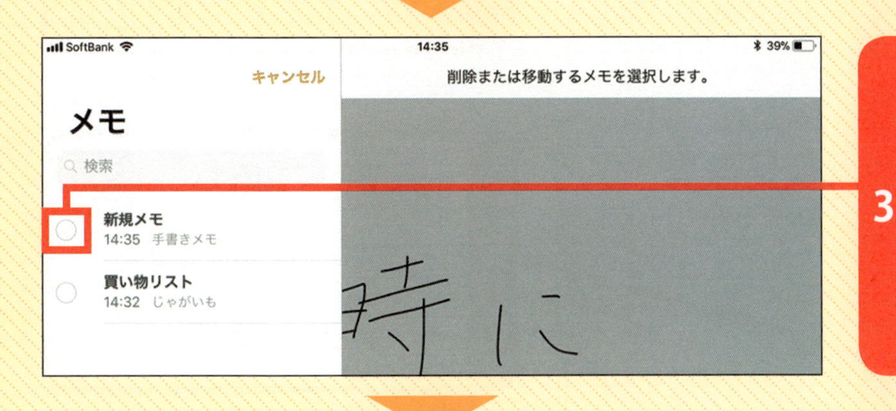

3 削除したいメモの○をタップしてチェックを付けます

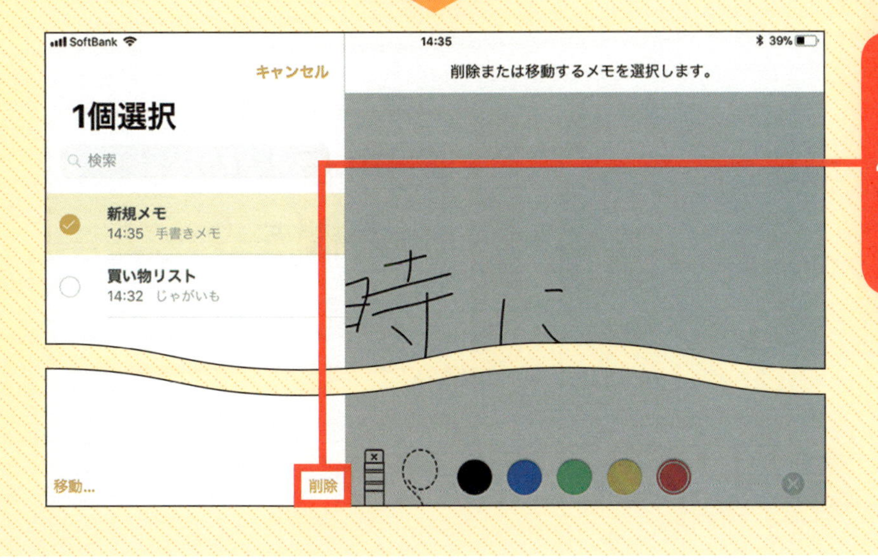

4 ＜削除＞をタップすると、メモが削除されます

おわり

Section 44 電子書籍を読もう

iPadでは「iBooks」アプリを利用して、読書を楽しむことができます。ここでは電子書籍を検索して、ダウンロードする方法を説明します。

●操作に迷ったときは…… タップ 18ページ スワイプ 19ページ

電子書籍を探す

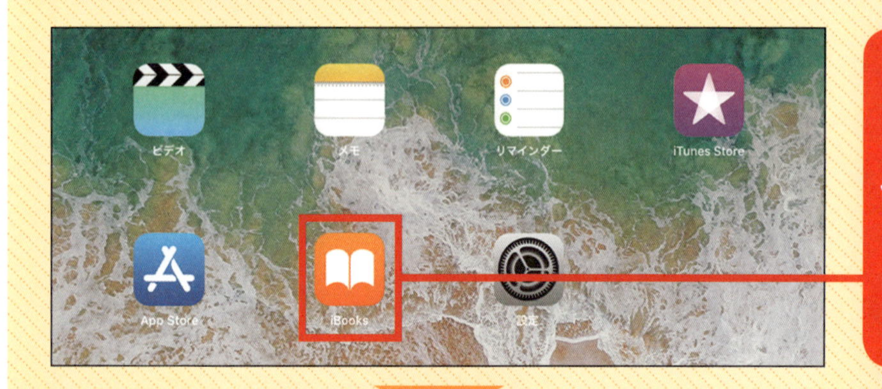

1 ホーム画面から<iBooks>のアイコン→<今はしない>をタップします

2 画面下部の<おすすめ>をタップします

3 画面右上の検索欄をタップします

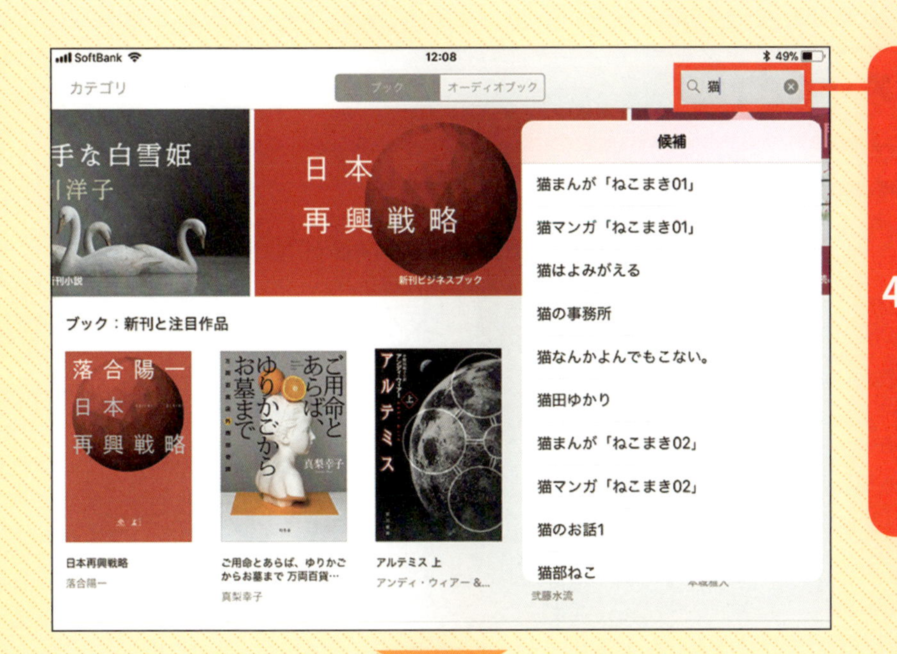

4 検索したいキーワード（書名や作者名など）を入力し、キーボードの<検索>をタップします

5 検索結果が表示されるので左右にスワイプし、気になる本をタップします

6 本の詳細を確認できます

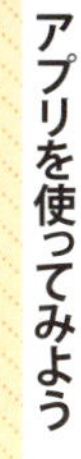

次へ

無料の電子書籍を読む

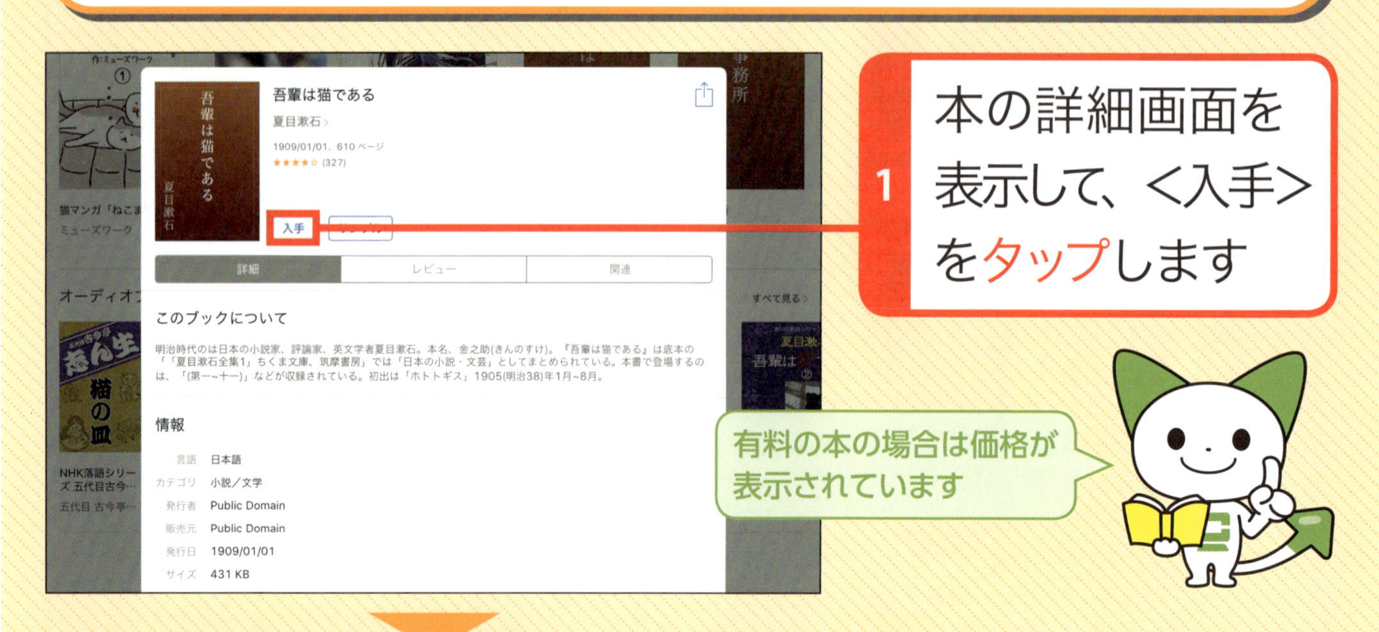

1 本の詳細画面を表示して、＜入手＞をタップします

2 ＜入手＞をタップすると、本のダウンロードが始まります

！「Apple IDでサインイン」画面が表示されたら、Apple IDのパスワードを入力して＜サインイン＞をタップします

3 画面の外をタップして、＜ブック＞をタップします

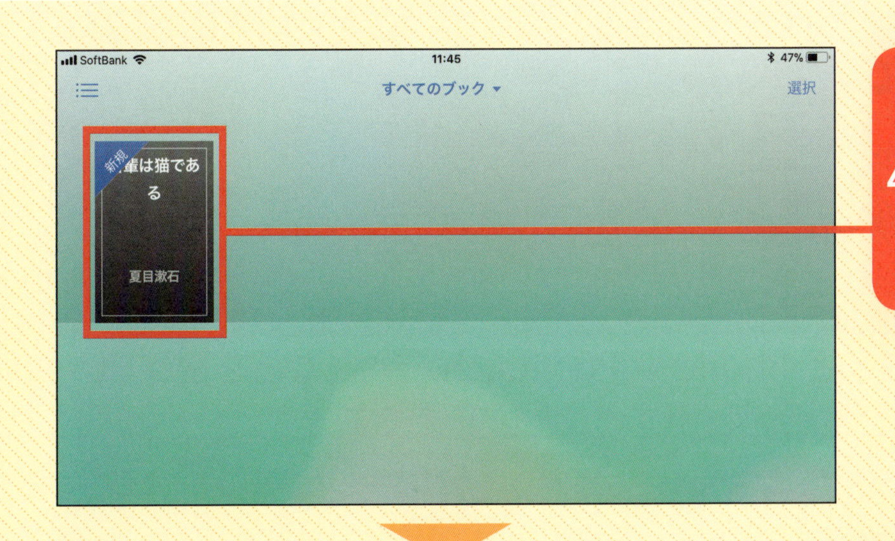

4 ダウンロードした本が表示されます。本をタップします

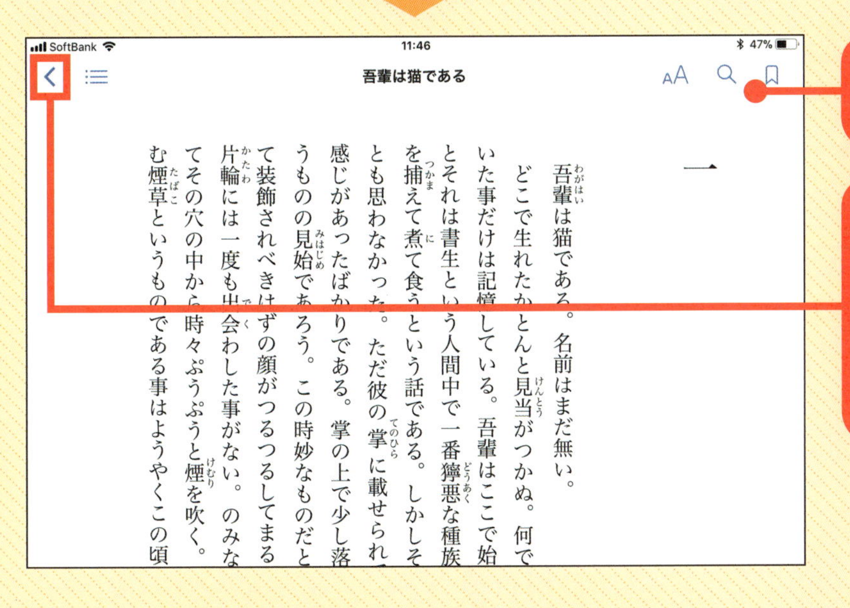

5 本が開きます

6 ＜をタップすると、もとの画面に戻ります

おわり

解説 青空文庫の本を読む

青空文庫は著作権が切れた作品を無料で読めるサービスです。「i読書-青空文庫リーダー」アプリをインストールすれば、青空文庫内の本をダウンロードして読むことができます（アプリの検索とインストール方法は118～125ページを参照）。

Section 45 テレビ電話をかけよう

「FaceTime」アプリを利用するとiPhoneやiPod touch、iPadなどを使っている知り合いや友人と、テレビ電話を利用することができます。

●操作に迷ったときは…… タップ 18ページ

iOS端末どうしでテレビ電話ができる「FaceTime」

iPadでは携帯電話のように電話をかけることはできません。しかし「FaceTime」アプリを利用すれば、FaceTimeに対応したほかのiOS端末（iPhone、iPadなど）を持っている相手と、テレビ電話を楽しむことができます。

FaceTimeが利用できる条件は？

「FaceTime」アプリを利用するには、以下の条件を満たしている必要があります。

①インターネットが必要

FaceTimeは、インターネットを利用して行います。こちらがインターネットに接続していても、相手がインターネットに接続していなければテレビ電話を発信できません。

②Apple IDが必要

FaceTimeを利用するには、Apple ID（アップルアイディー）が必要です。Apple IDの登録方法やFaceTimeの設定方法は、付録2、3を参照してください。

③FaceTime対応端末が必要

「FaceTime」アプリは、対応の端末でなければ利用できません。具体的には以下の機種が対応しています。

＜iPad＞
iPad 2以降のiPad

＜iPhone＞
iPhone 4以降のiPhone

＜iPod touch＞
第4世代以降のiPod touch

＜Mac＞
Mac OS X 10.6.6以降で「FaceTime for Mac」をインストールした端末

テレビ電話を発信する

1 ホーム画面から＜FaceTime＞のアイコンをタップします

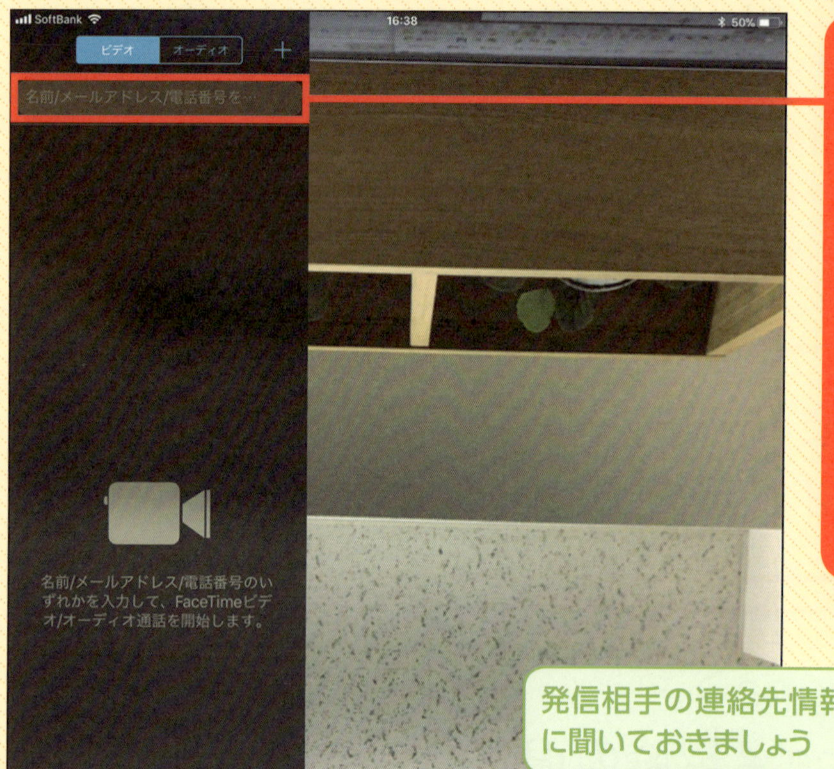

2 画面上部の入力欄をタップし、相手の名前／メールアドレス／電話番号のいずれかを入力します

発信相手の連絡先情報は、事前に聞いておきましょう

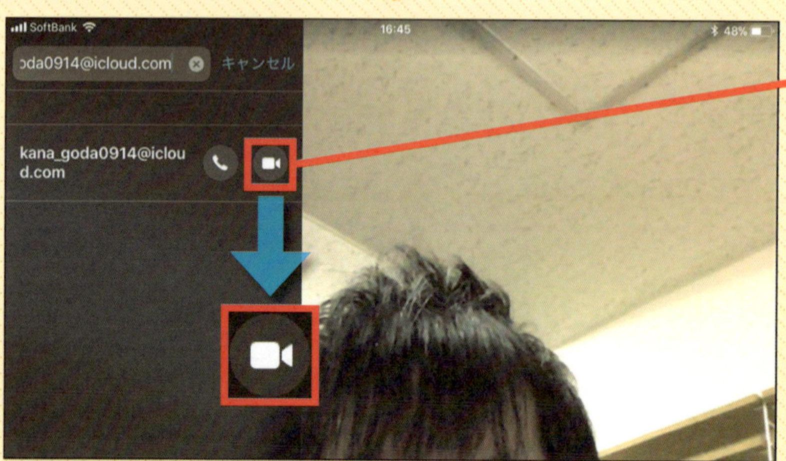

3 ■をタップします

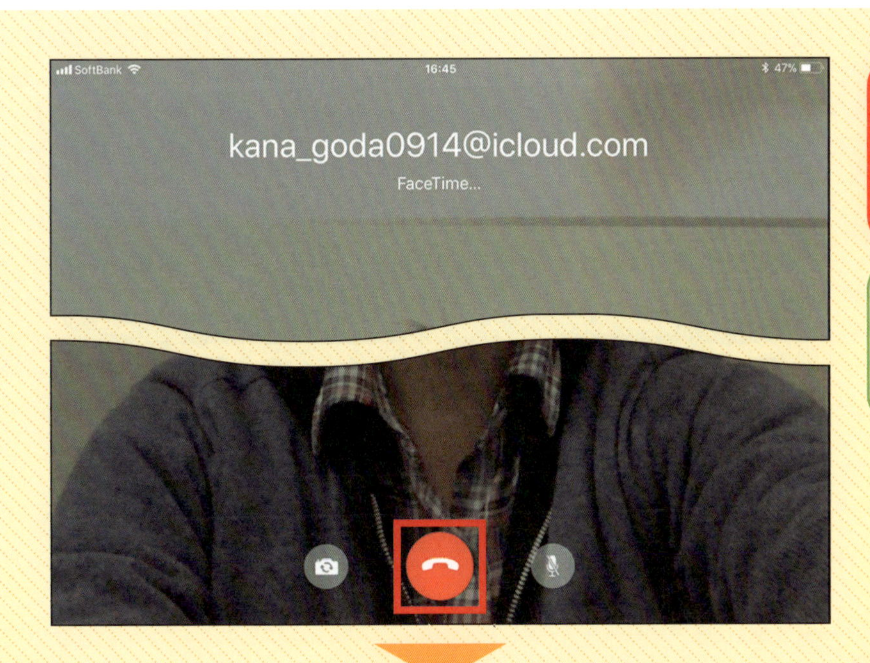

4 呼び出し中の画面になります

間違えて発信してしまった場合は、をタップすると、呼び出しを中止できます

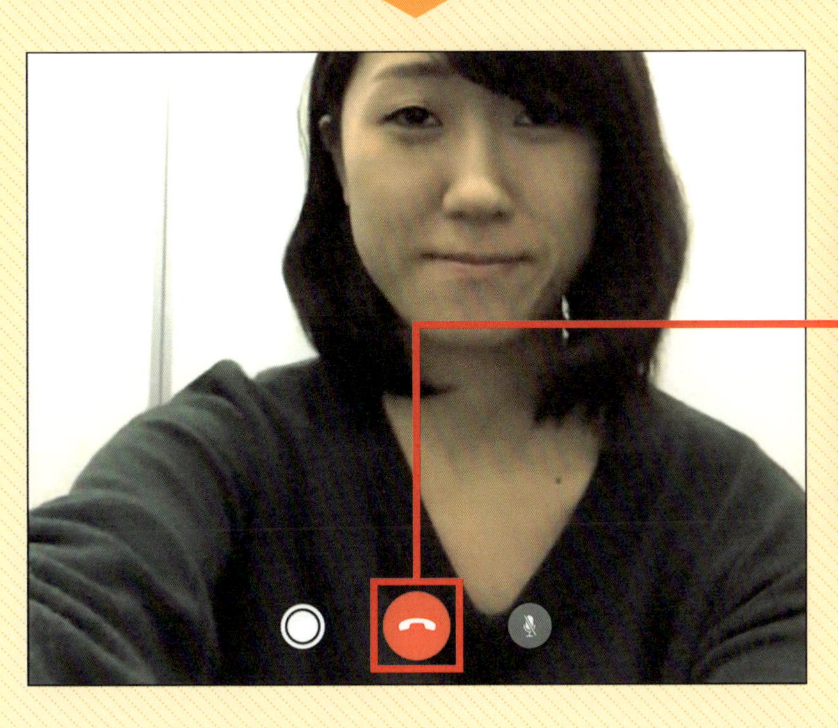

5 相手がFaceTimeでの着信に応答すると、FaceTimeでの通話が始まります

! をタップすると、通話が終了します

おわり

解説 テレビ電話を受信する

テレビ電話がかかってきた場合は、＜応答＞をタップすると、通話が始まります。＜拒否＞をタップすると、通話を拒否できます。

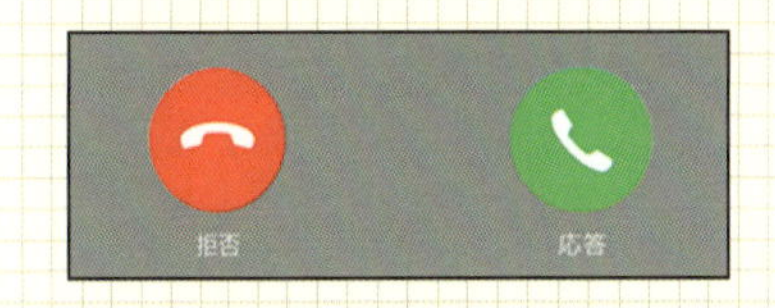

Section 46 地図で目的地を調べよう

iPadでは、はじめから「マップ」アプリが搭載されています。現在地周辺の地図や、目的地の地図をかんたんに調べることができます。

●操作に迷ったときは…… タップ 18ページ スワイプ 19ページ

目的地の地図を表示する

1 ホーム画面から<マップ>のアイコンをタップします

位置情報に関する画面が表示されたら<許可>をタップします

2 をタップします

3 現在地が●で表示されます

4 画面左上の検索欄をタップします

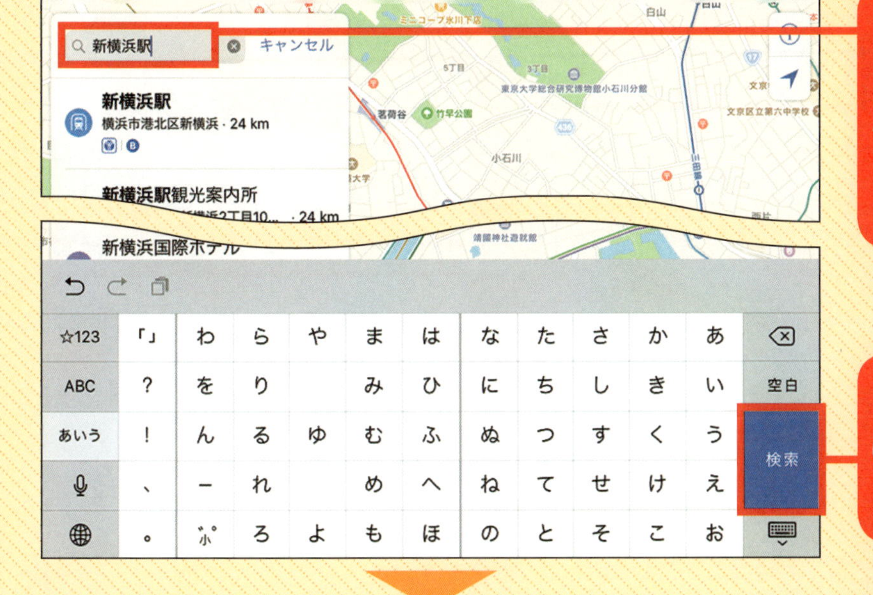

5 検索したい場所や住所を入力します

6 <検索>をタップします

7 検索した場所の周辺の地図が表示されます

次へ

目的地までの経路を検索する

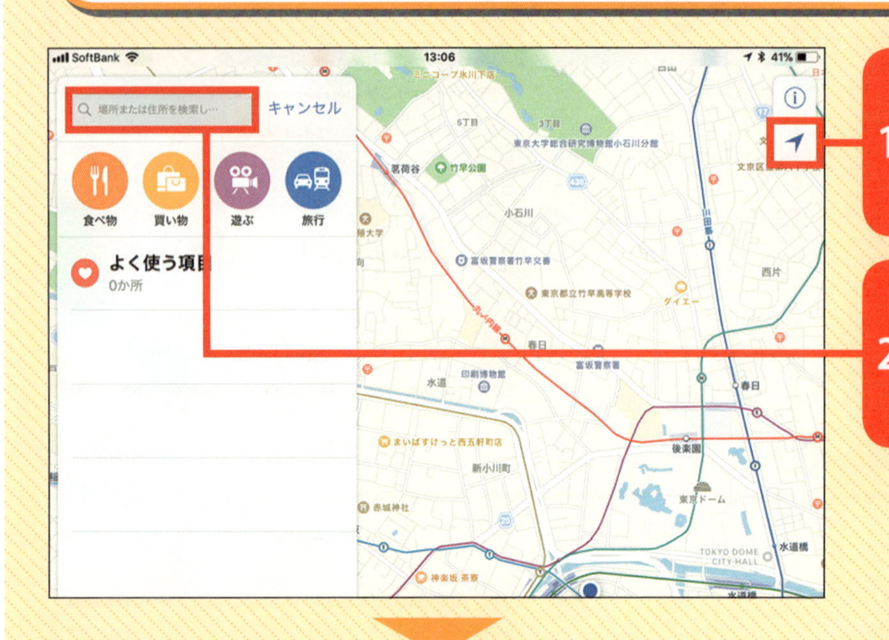

1 をタップして現在地を表示します

2 画面左上の検索欄をタップします

3 目的地の名称や住所を入力します

4 表示される候補の一覧から、目的地をタップします

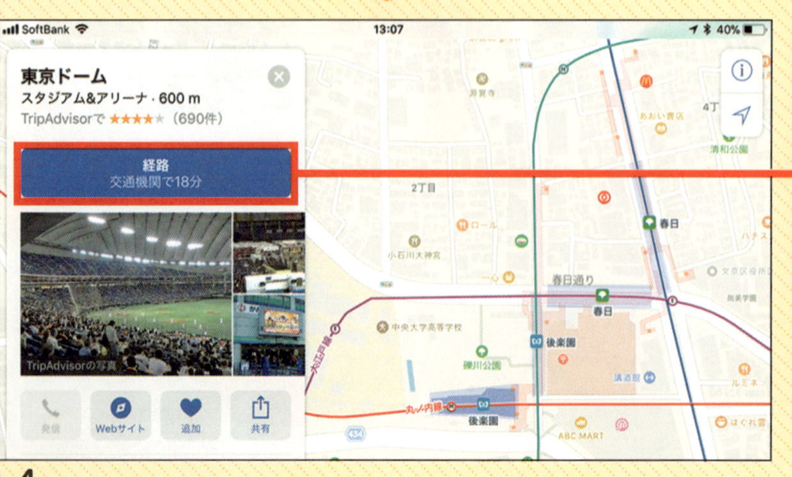

5 目的地の詳細が表示されます。＜経路＞をタップします

6 利用する移動手段の<出発>をタップします

! 「安全の警告」画面が表示されたら、内容を確認して<OK>をタップします

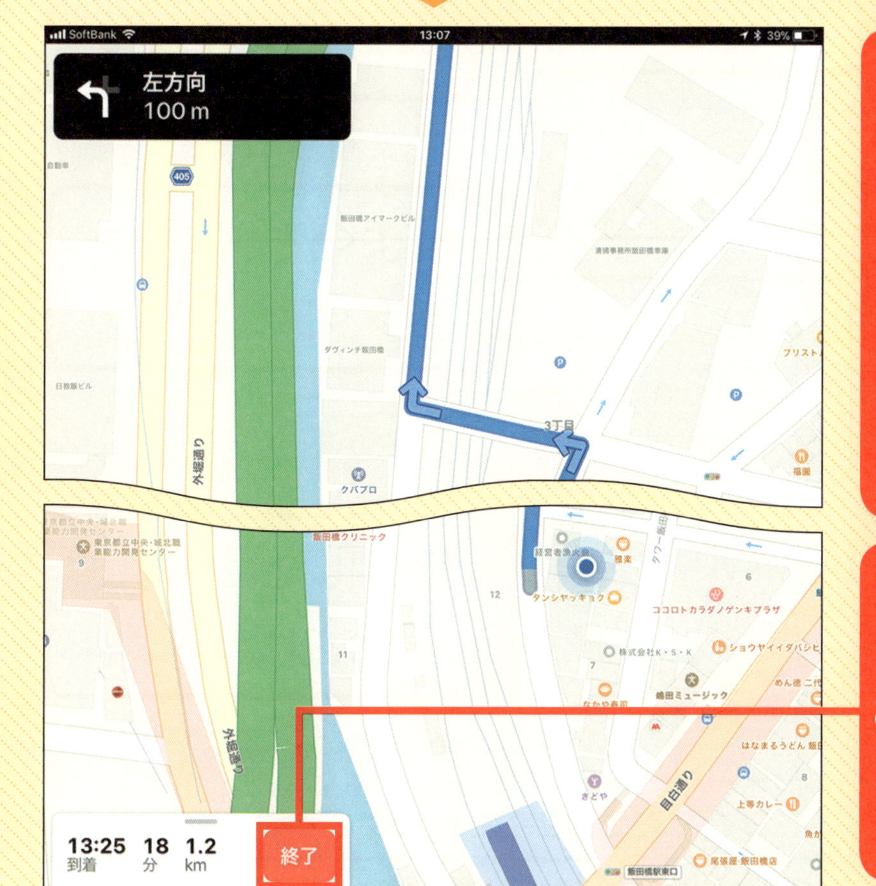

7 選択した移動手段での経路が表示されるので、ルートとガイダンス音声に従って進みます

8 案内を終了するときは、画面左下の<終了>をタップします

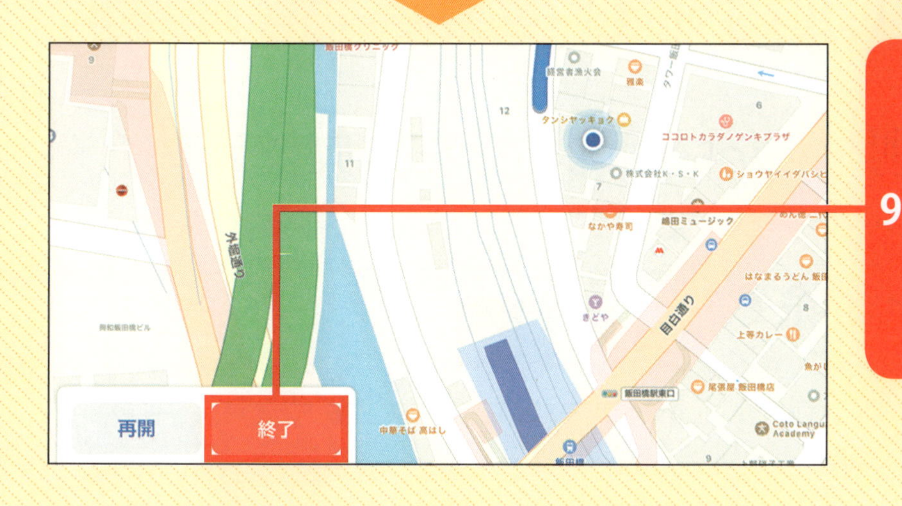

9 再度<終了>をタップすると、手順5の画面に戻ります

次へ

よく使う項目に追加する

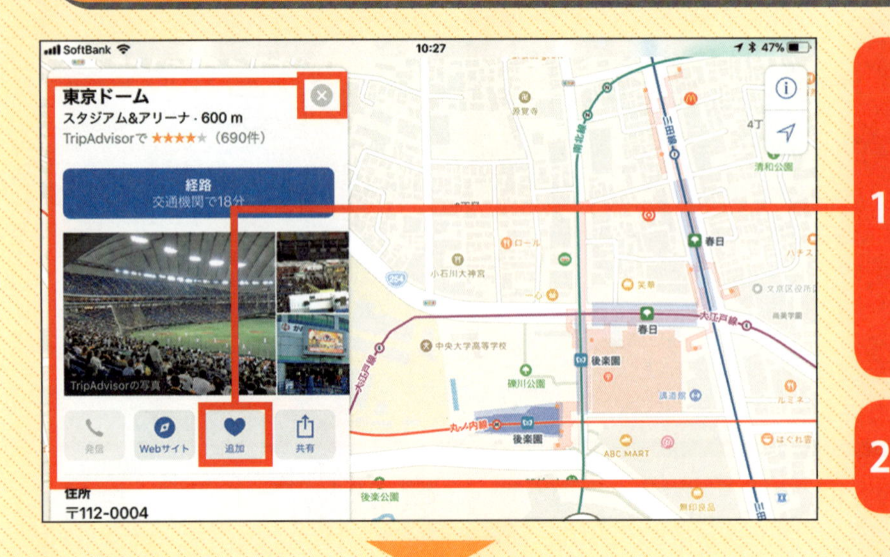

1 114ページを参考に目的地の詳細を表示し、<追加>をタップします

2 ⊗をタップします

3 <よく使う項目>をタップします

4 追加した目的地が表示されます

おわり

Column 追加した目的地を削除する

手順4の画面で削除したい目的地を左方向にスワイプし、<削除>をタップすると、目的地を削除できます。

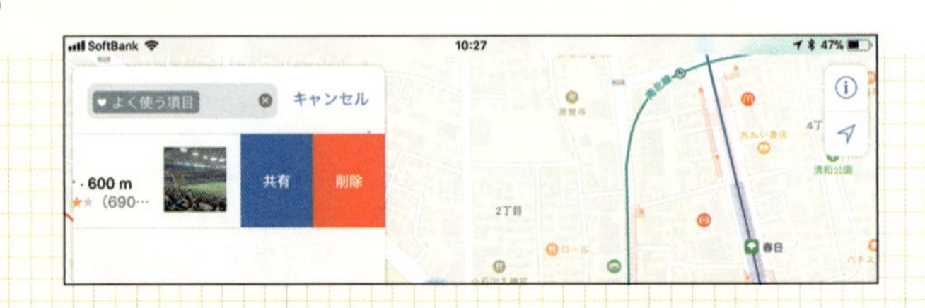

第7章

いろいろなアプリを楽しもう

App Store（アップストア）から新しいアプリを追加（インストール）すると、iPadがさらに便利になります。ニュースアプリや天気予報アプリなど、日常生活で使えるアプリや、空いた時間で遊べるゲームアプリをインストールして楽しみましょう。

7

Section 47 新しいアプリを探そう

アプリをインストールするために、気になるアプリをApp Storeから探しましょう。カテゴリ検索とランキング検索、キーワード検索の3種類の方法があります。

●操作に迷ったときは…… タップ 18ページ スワイプ 19ページ

カテゴリからアプリを探す

1 <App Store>を起動したら、<App>をタップします

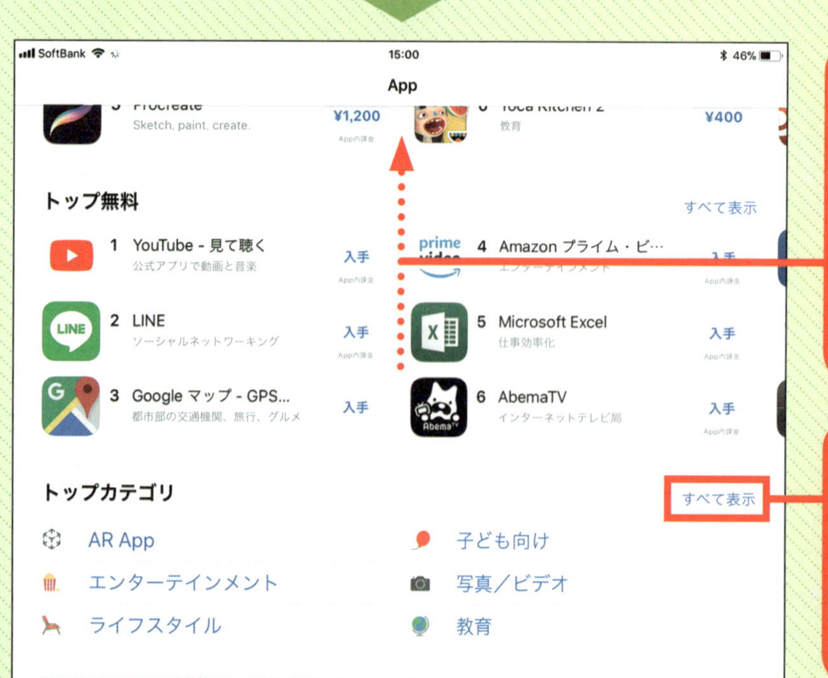

2 「App」画面が表示されたら、画面を上方向にスワイプします

3 「トップカテゴリ」の<すべて表示>をタップします

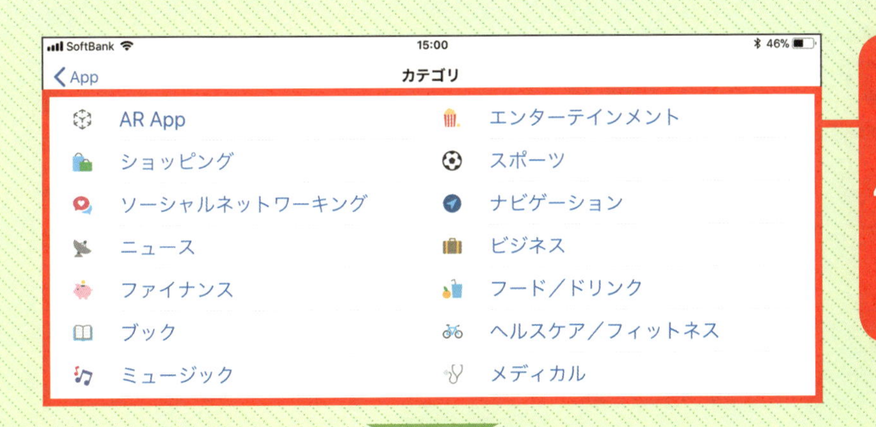

4 任意のカテゴリをタップします

! ここでは<ミュージック>をタップします

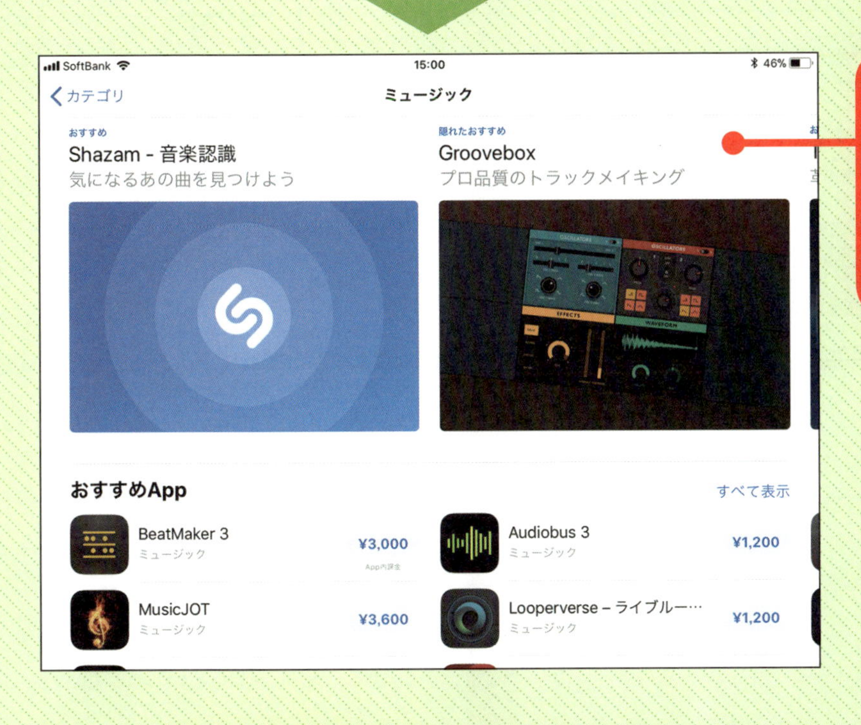

5 カテゴリ内のアプリが一覧表示されます

次へ

Column iPhone版アプリを探す

iPadはiPhone版のアプリを使うこともできます。121ページ手順**5**の画面で、画面左上の<フィルタ>→<サポート>→<iPhoneのみ>をタップします。

ランキングからアプリを探す

1 <App Store>を起動したら、<App>をタップします

2 「App」画面が表示されたら、画面を上方向にスワイプします

3 「トップ無料」の<すべて表示>をタップします

! 「トップ有料」の<すべて表示>をタップしても、手順**4**の画面が表示されます

4 「有料アプリ」と「無料アプリ」のランキングが表示されます

キーワードでアプリを探す

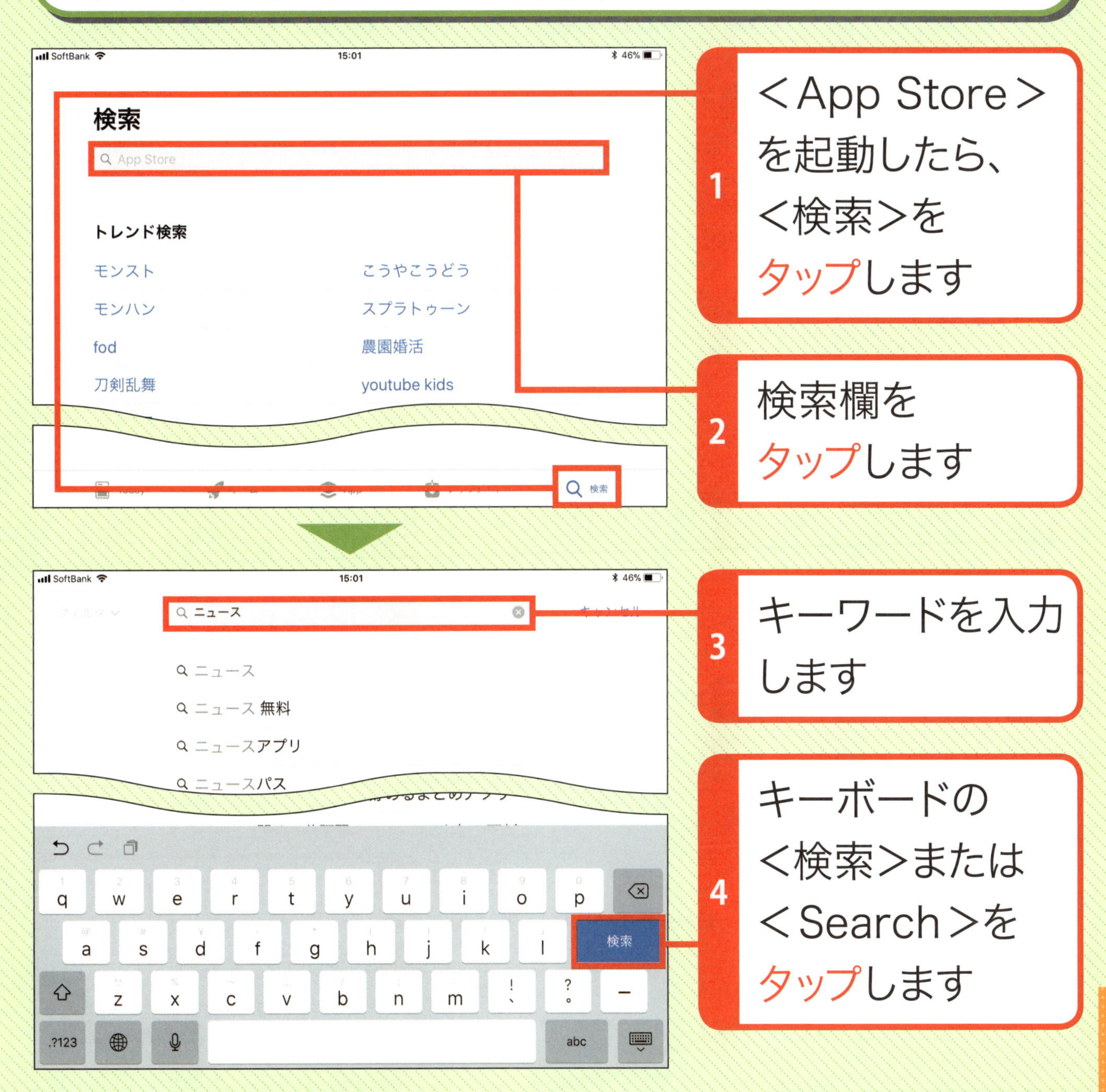

1 <App Store>を起動したら、<検索>をタップします

2 検索欄をタップします

3 キーワードを入力します

4 キーボードの<検索>または<Search>をタップします

5 アプリが一覧表示されます

おわり

Section 48 アプリをインストールしよう

App Storeで気になるアプリを見つけたら、iPadにインストールしましょう。インストールの際にはApple ID（付録2参照）が必要になります。

●操作に迷ったときは…… ホームボタン 14ページ タップ 18ページ

1 気になるアプリを見つけたら、アプリのアイコンまたは名前をタップします

2 アプリの詳細が表示されます

3 <入手>をタップします

！有料の場合は、125ページで解説しているようにアプリの金額が表示されます

4 ＜既存のApple IDを使用＞をタップします

Apple IDを未取得の場合は、＜Apple IDを新規作成＞をタップして設定を行いましょう（付録２も参考にしてください）

5 Apple IDとパスワードを入力します

6 ＜OK＞をタップします

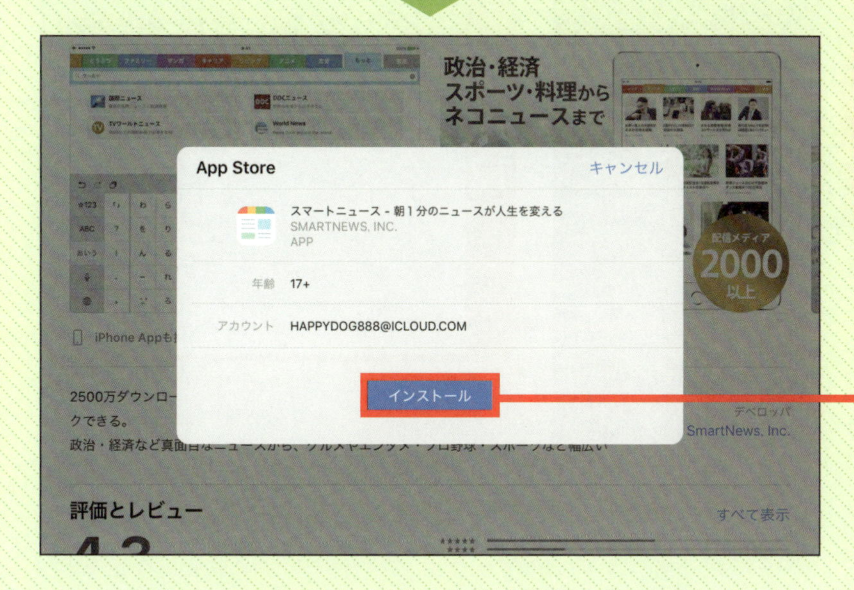

7 ＜インストール＞をタップします

次へ

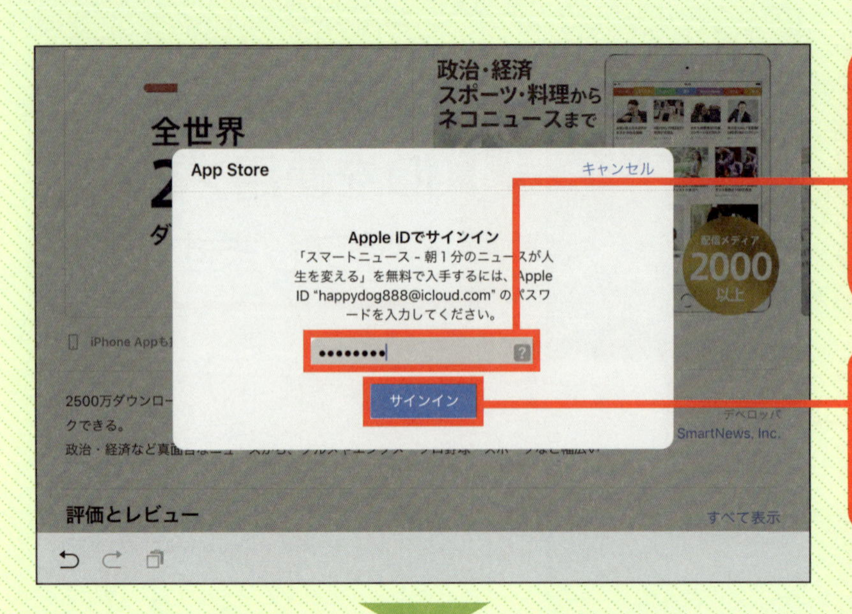

8 Apple IDのパスワードを入力します

9 <サインイン>をタップします

10 インストールが始まります

11 ホームボタン◯を押してホーム画面に戻ります

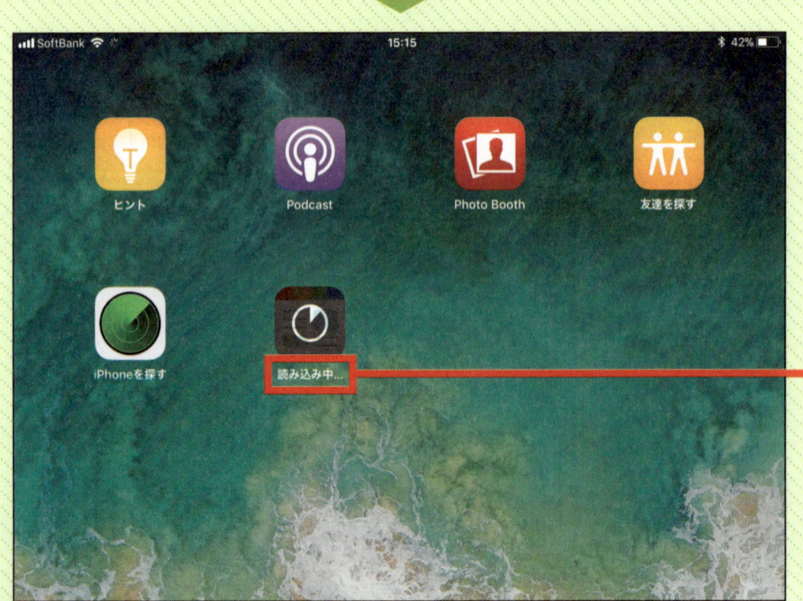

12 インストールが終わるまで待ちます

! インストール中は「読み込み中」または「インストール中」と表示されます

13 インストールしたアプリのアイコンをタップするとアプリが起動します

アプリのアイコンが見つからないときは23ページを参考に、ほかのホーム画面を探してみましょう

おわり

Column 有料アプリと無料アプリ

アプリには、大きく分けて、インストールする際にお金が必要な「有料アプリ」と、Apple IDとパスワードさえあれば無料でインストールできる「無料アプリ」があります。
無料か有料かは、アプリのアイコンの右下を確認すればわかります。

無料アプリ

有料アプリ

Section 49

YouTubeで動画を楽しもう

iPadでは、動画共有サイト「YouTube」の動画も楽しめます。App Storeから専用アプリをインストールすると、快適に動画を視聴できます。

●操作に迷ったときは…… タップ 18ページ　スワイプ 19ページ　ドラッグ 21ページ

動画を鑑賞する

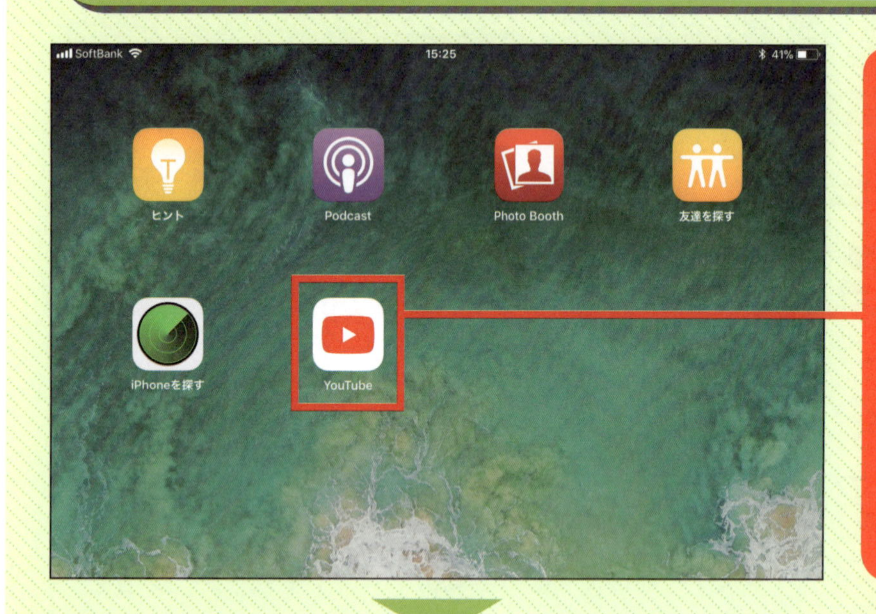

1 ホーム画面から＜YouTube＞のアイコンをタップします

！あらかじめSec.48を参考に、「YouTube」アプリをインストールしておきます

2 🔍をタップします

！ログイン画面が表示されたら、＜ログアウト状態でYouTubeを使用する＞をタップします

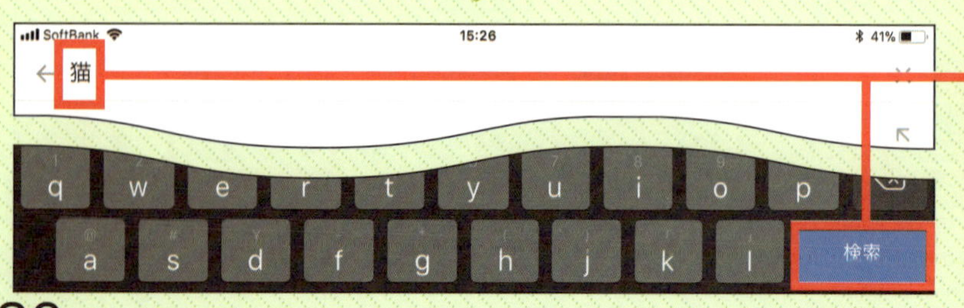

3 キーワードを入力して、＜検索＞をタップします

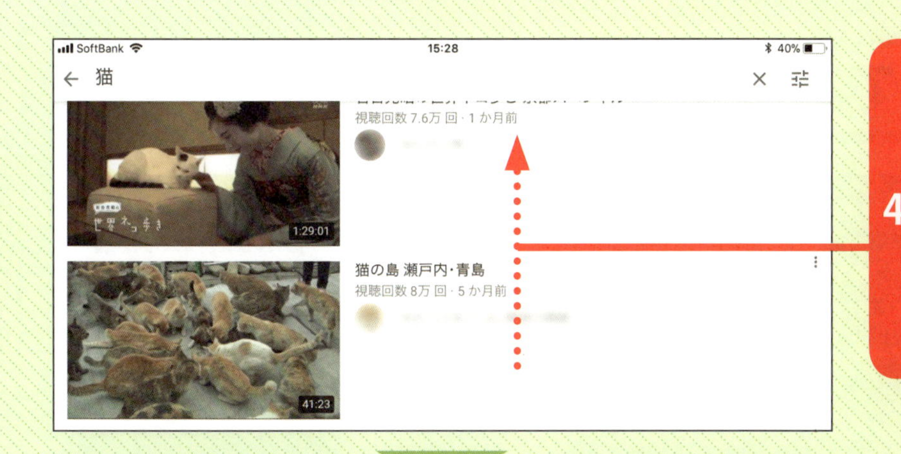

4 上下にスワイプして動画を探し、見たい動画をタップします

5 動画が再生されます

6 画面上を下方向にスワイプします

メニューを表示させたいときは、画面をタップします

7 画面を左か右にドラッグすると、動画が終了します

次へ

フルスクリーンで鑑賞する

1 動画の画面をタップして、メニューを表示します

2 ⛶をタップします

3 動画がフルスクリーンで表示されます

iPadを横向きにすると、iPadの画面いっぱいに動画が表示されます

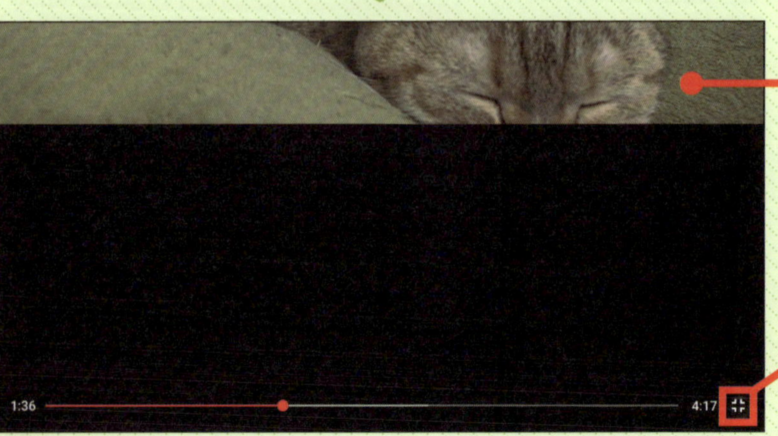

4 動画の画面をタップして、⛶をタップすると、もとの画面に戻ります

画質を変更する

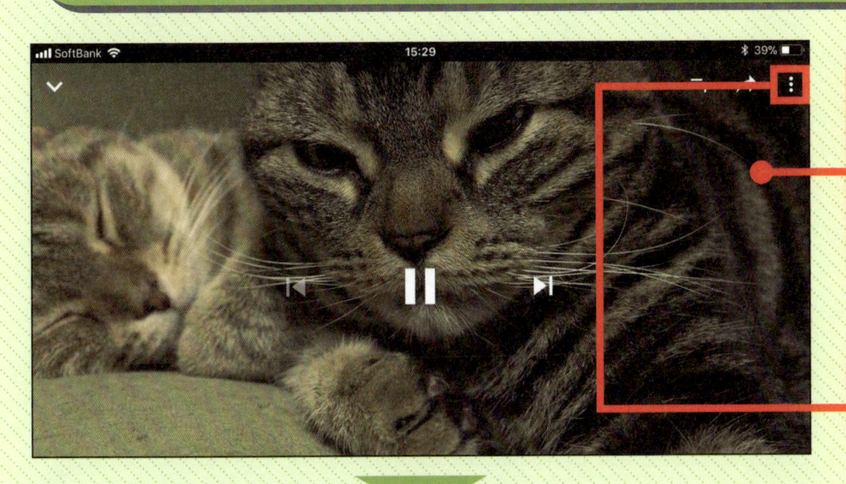

1 動画の画面をタップして、メニューを表示します

2 ⋮をタップします

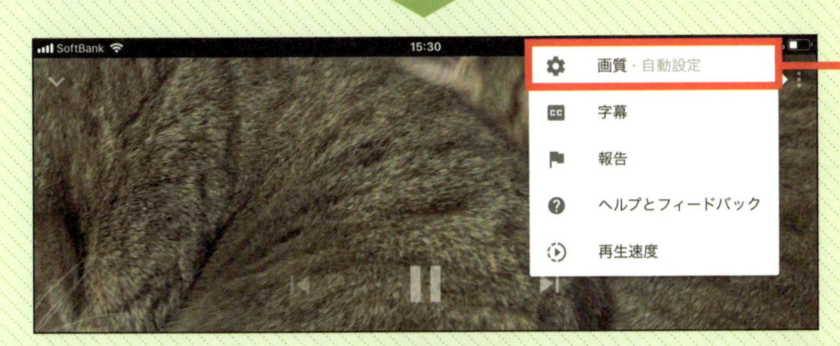

3 <画質>をタップします

4 任意の画質をタップして変更します

! 高画質で再生したい場合は数字が大きいものを、動画の読み込み速度を上げたい場合は数字が小さいものを選択します

<自動設定>をタップすると、使っているWi-Fi環境に合わせて自動で画質を変更してくれます

おわり

50 ラジオを聴こう

アプリをインストールすれば、iPadでラジオを聴くこともできます。ここでは、「NHK ネットラジオ らじるらじる」でラジオを聴く方法を説明します。

●操作に迷ったときは…… タップ 18ページ

ラジオを聴く

1 ホーム画面から<NHK ラジオ>のアイコンをタップします

! あらかじめSec.48を参考に、「NHKネットラジオ」アプリをインストールしておきます

2 聴きたいラジオをタップします

3 ラジオが再生されます

! 再生を停止するときは ❚❚ をタップします

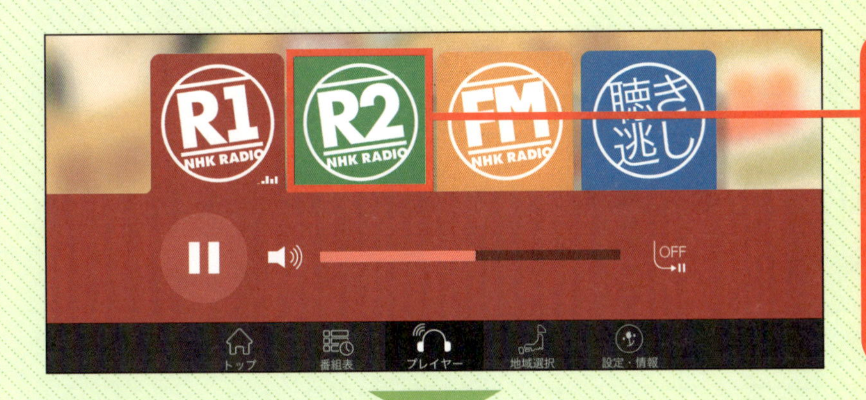

4 ラジオを再生しているときに、＜R2＞を**タップ**します

5 チャンネルがNHKラジオ第2に切り替わります

！ ＜FM＞をタップすると、NHK-FMに切り替わります

おわり

そのほかのアプリ

NHK以外のチャンネルを聴きたい場合は、AM／FMの幅広いチャンネルに対応している「radiko.jp」アプリがおすすめです。「radiko.jp」アプリはiPhone版アプリしかないので、119ページのコラムを参考にインストールしてください。

Section 51 今日の天気を調べよう

アプリをインストールすれば、天気や降水確率をかんたんにチェックできます。ここでは「そら案内」アプリで天気を確認する方法を説明します。

●操作に迷ったときは…… タップ 18ページ スワイプ 19ページ

今日の天気を調べる

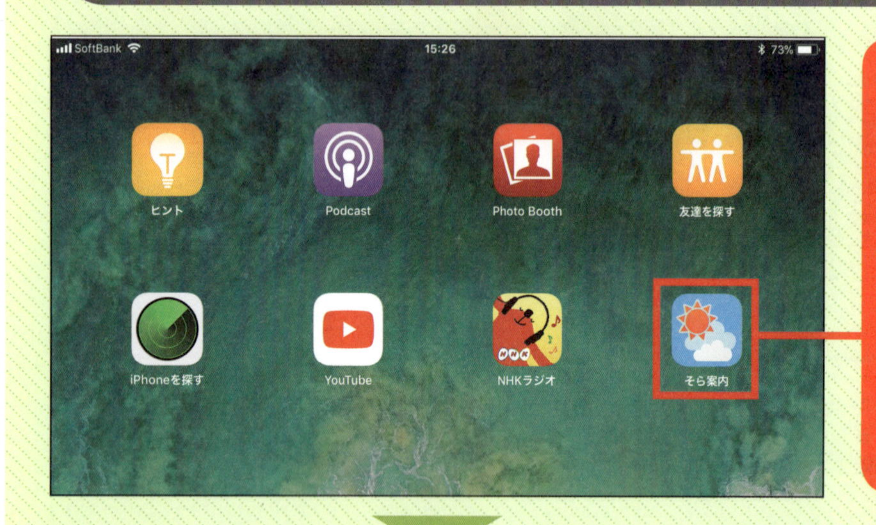

1 ホーム画面から＜そら案内＞をタップします

! あらかじめSec.48を参考に、「そら案内」アプリをインストールしておきます

そら案内ご利用ありがとうございます
はじめに地域を追加してください
閉じる

2 ＜閉じる＞をタップします

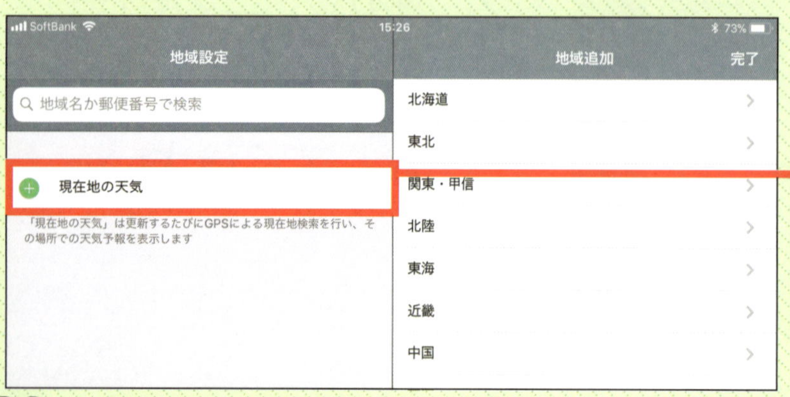

3 ＜現在地の天気＞をタップします

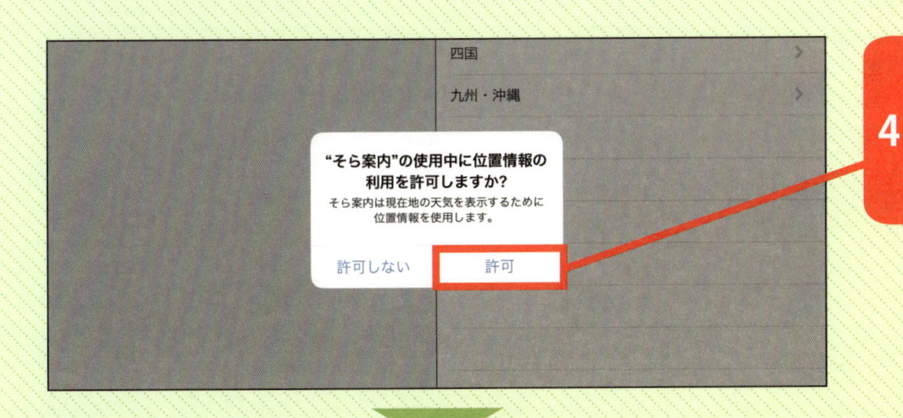

4 <許可>をタップします

5 「現在地の天気」が追加されます

6 <完了>をタップします

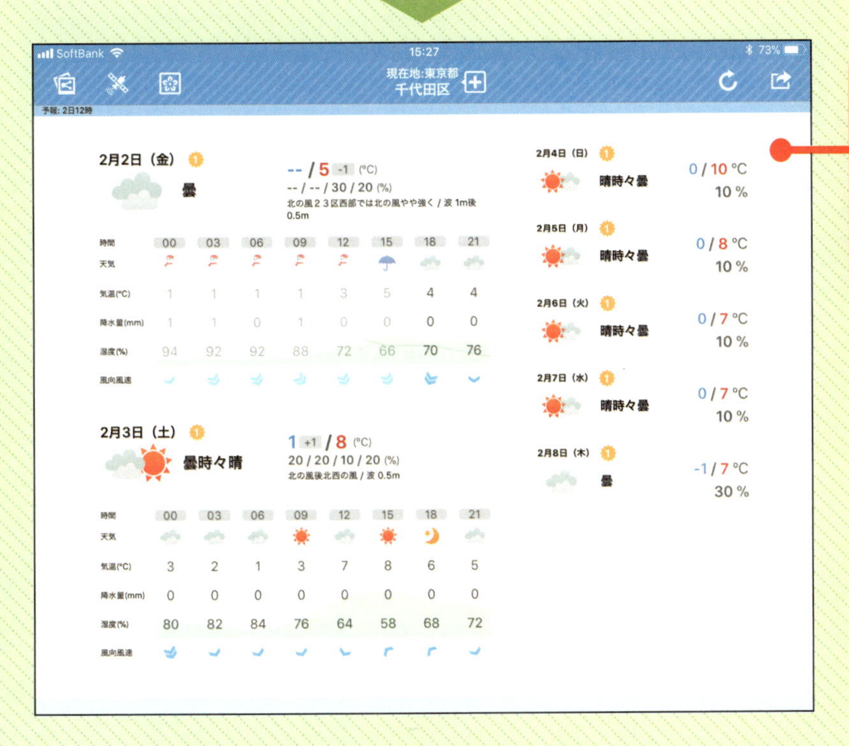

7 現在地の天気情報が表示されます

次へ

7章 いろいろなアプリを楽しもう

天気をチェックしたい地域を追加する

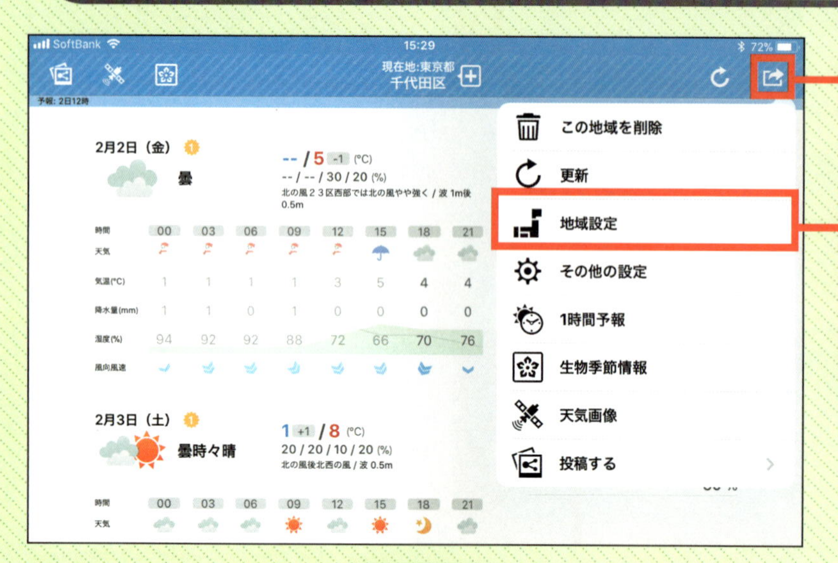

1 をタップします

2 <地域設定>をタップします

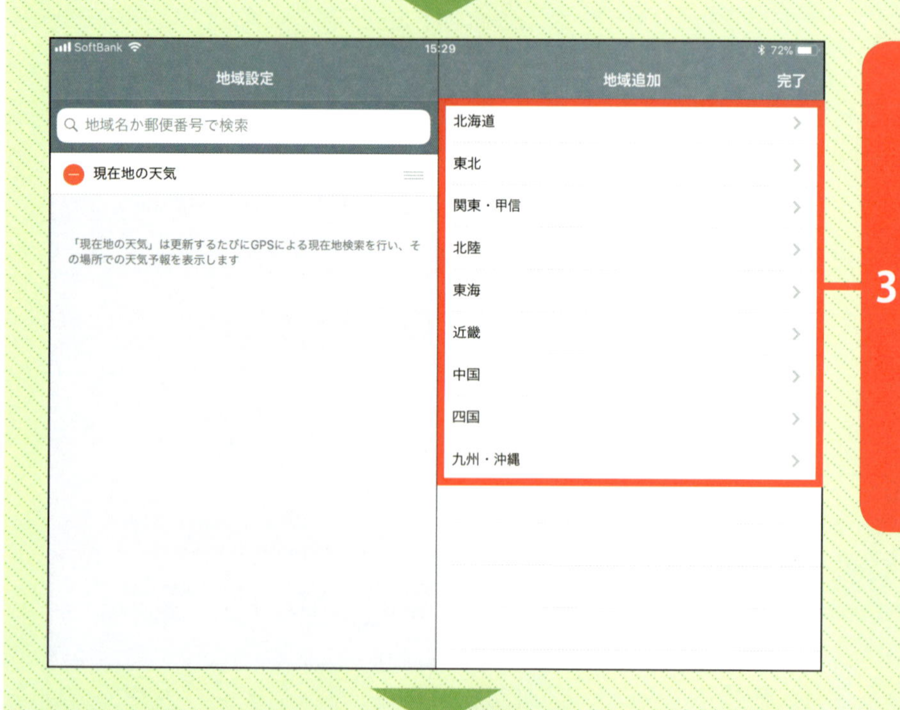

3 追加したい地域をタップして、画面の指示に従って都道府県→市区町村の順にタップします

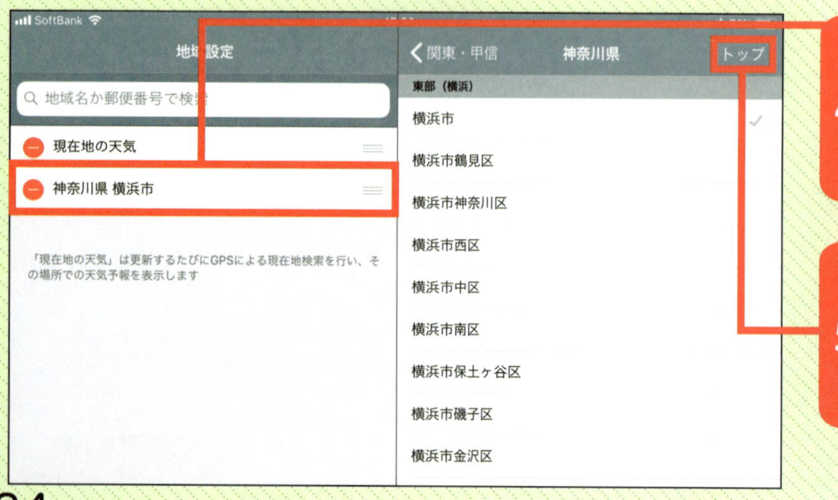

4 地域が追加されます

5 <トップ>をタップします

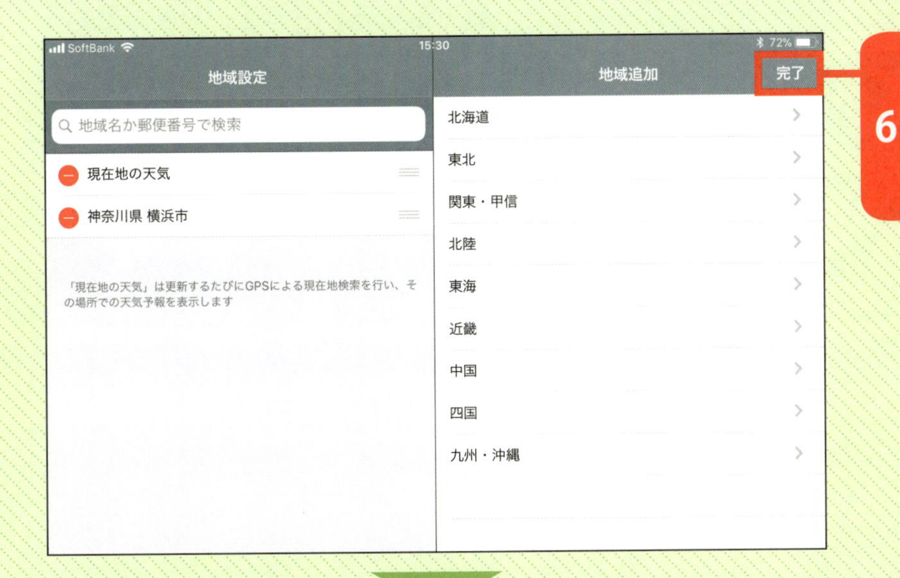

6 <完了>を**タップ**します

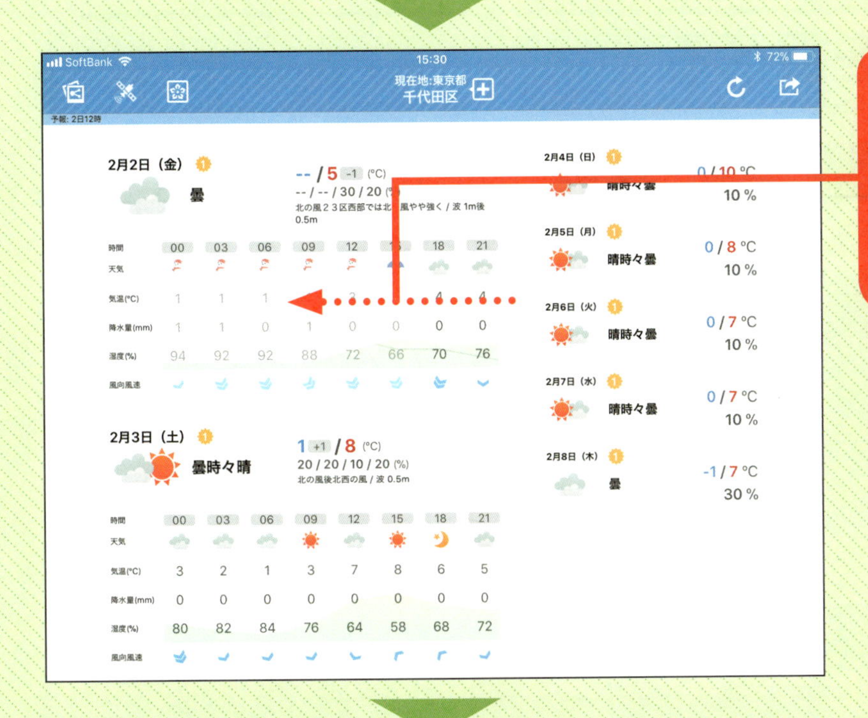

7 天気情報の画面を左方向に**スワイプ**します

8 追加した地域の天気情報が表示されます

! 画面を右方向にスワイプすると前の画面に戻ります

おわり

電車の乗り換えを調べよう

「乗換案内」アプリを利用すると、電車の乗り換え時間や経路をかんたんに調べられます。そのほか、1本後／1本前の乗り換えも調べられます。

操作に迷ったときは……　タップ 18ページ　スワイプ 19ページ

電車の乗り換えを調べる

1 ホーム画面から<乗換案内>をタップします

! あらかじめSec.48を参考に、「乗換案内」アプリをインストールしておきます

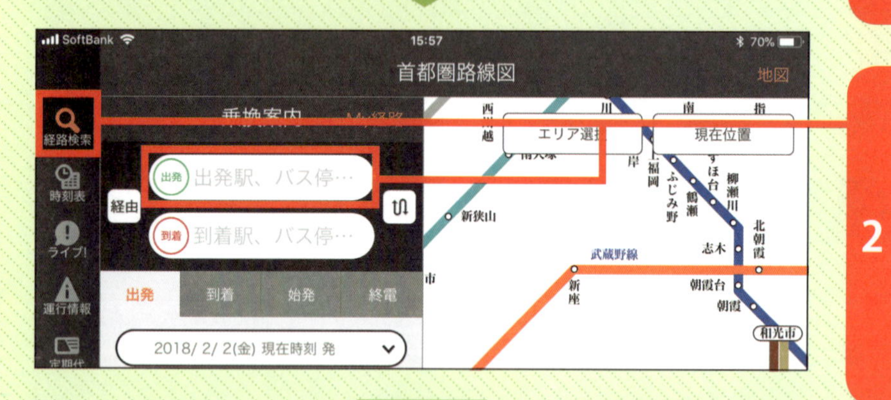

2 <経路検索>をタップして、<出発駅、バス停>をタップします

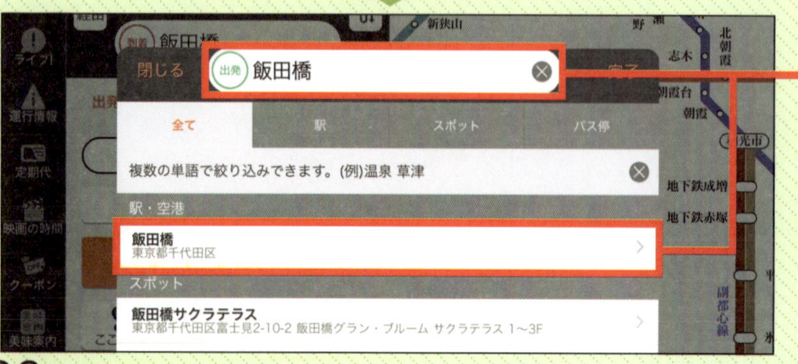

3 出発駅の名前を入力し、表示された候補をタップします

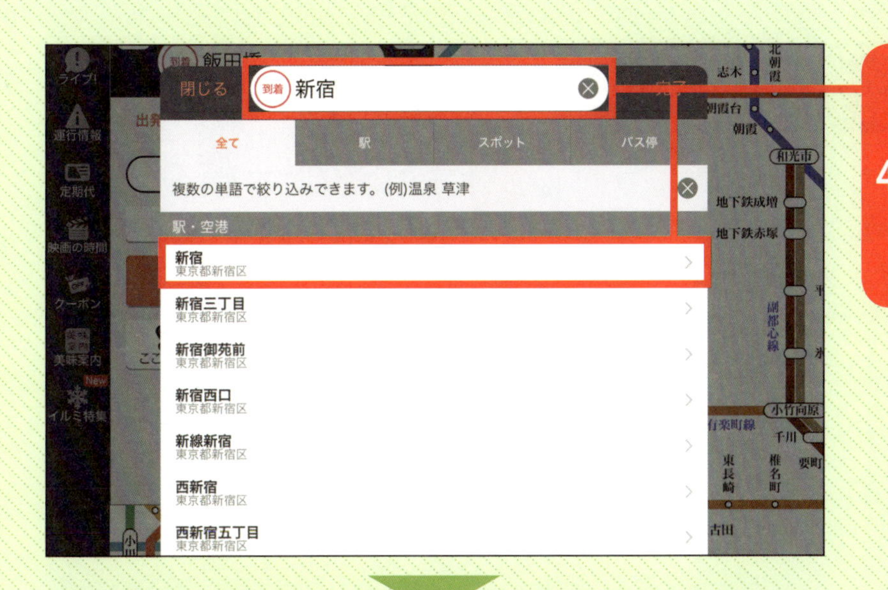

4 到着地についても同様の操作で入力します

5 ここをタップします

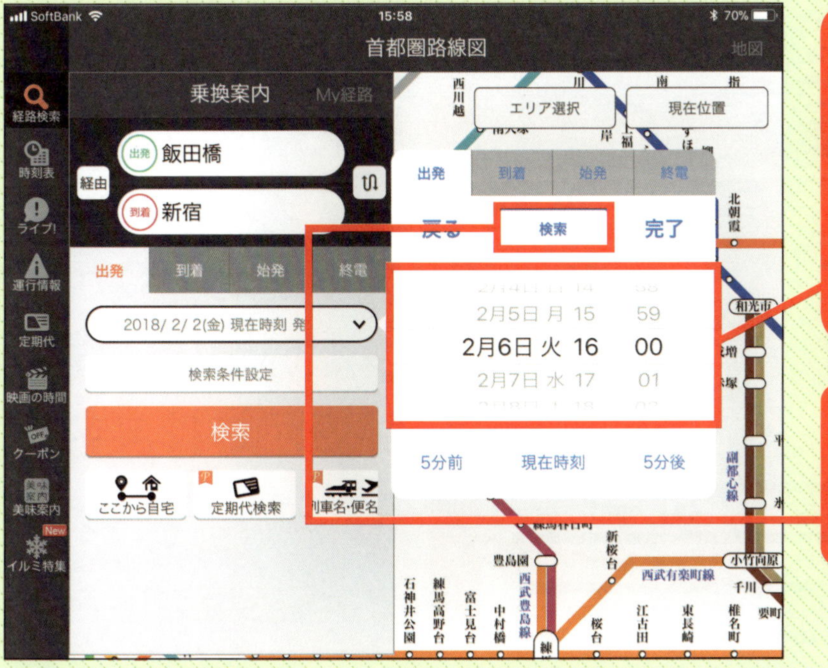

6 出発する日付と時刻を、上下にスワイプして設定します

7 <検索>をタップします

次へ

8 左側に乗り換え経路の一覧が、右側に乗り換え経路の詳細が表示されます

9 確認したい経路をタップすると、右側の経路の詳細が切り替わります

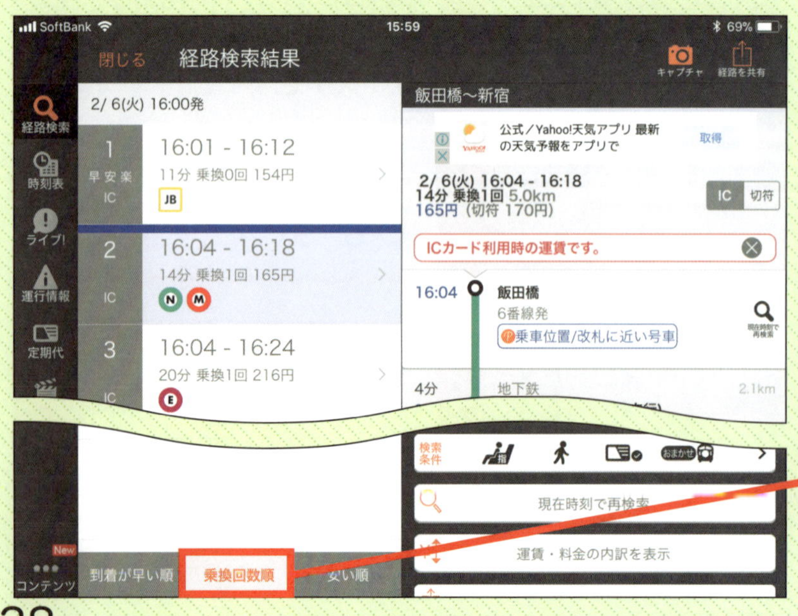

10 ＜乗換回数順＞をタップすると、乗り換え回数が少ない順に一覧が表示されます

! ＜安い順＞をタップすると、料金が安い順に一覧が表示されます

1本前／1本後の乗り換えを調べる

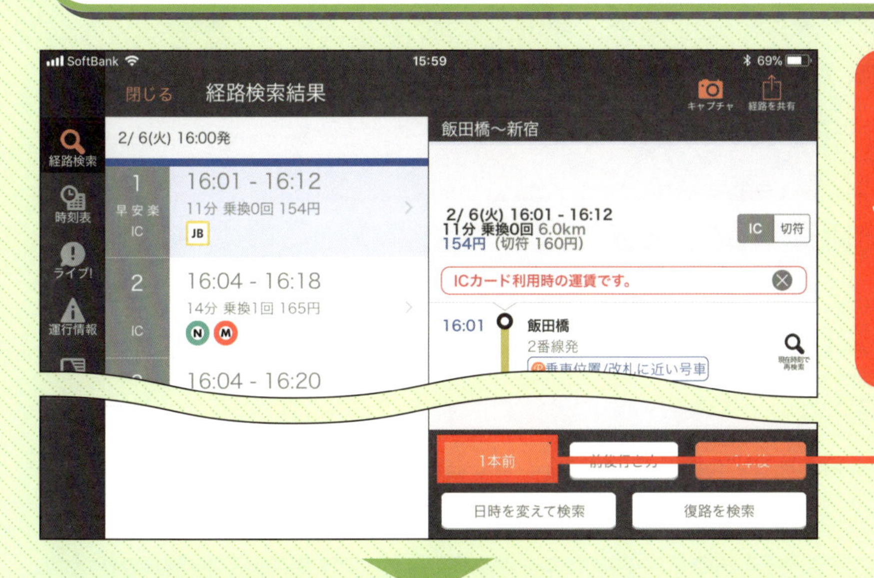

1 138ページ手順**9**の画面で<1本前>をタップします

2 1本前の経路が表示されます

3 <1本後>をタップします

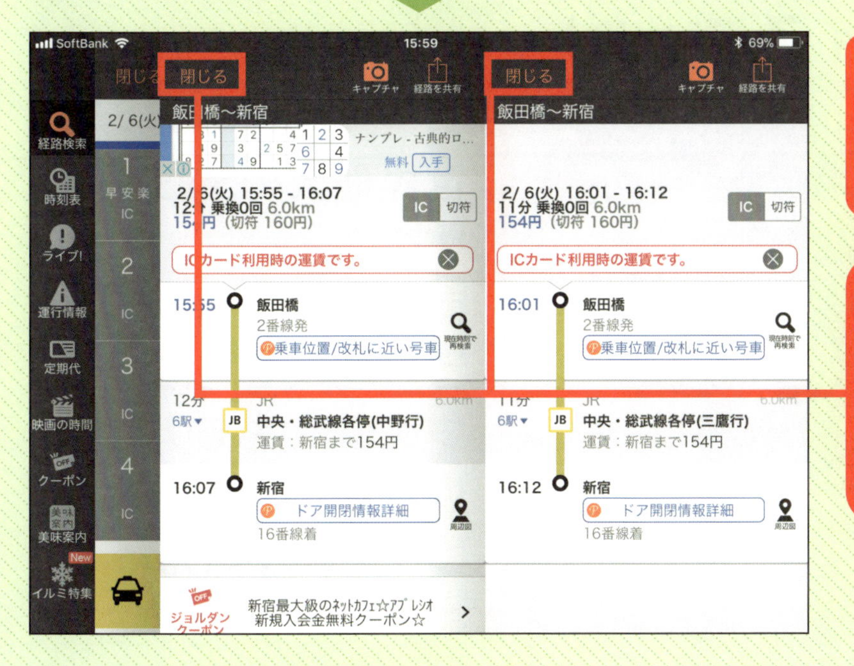

4 1本後の経路が表示されます

5 <閉じる>をタップするともとの画面に戻ります

おわり

Section 53

そのほかのアプリを使ってみよう

SNSアプリやそのほかの便利なアプリを使ってみましょう。ここでは、LINEとFacebook、クックパッドとスマートニュースを紹介します。121ページを参考に、アプリ名で検索しましょう。

LINE（ライン）

友だちとトークや無料通話ができるアプリです。
独自のスタンプという機能を使って楽しくコミュニケーションできます

Facebook（フェイスブック）

世界最大のSNSアプリです。
実名登録が基本で、昔の友人や同僚が見つかることもあります。
近況を投稿するなどして交流しましょう

クックパッド

料理レシピのコミュニティアプリです。自作の料理レシピを投稿したり、ほかの人の投稿したレシピを検索することができます

スマートニュース

国内や国外のニュースなどを閲覧できるアプリです。グルメやテクノロジーといった分類もされているので、気になるニュースをかんたんに探せます

おわり

Section 54 ゲームを楽しもう

アプリには、かんたんで気軽にプレイできるゲームがたくさんあります。その中でも、とくに楽しめるゲームアプリを紹介します。121ページを参考に、アプリ名で検索しましょう。

将棋アプリ 百鍛将棋

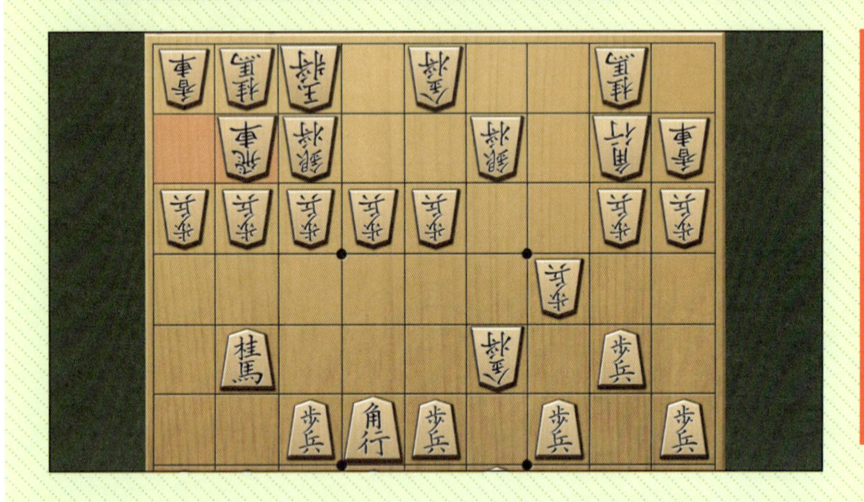

最新AIと将棋で対戦できるアプリです。AIの強さを選択でき、初心者から上級者まで楽しめます。2人対戦もできます

みんなのオセロ

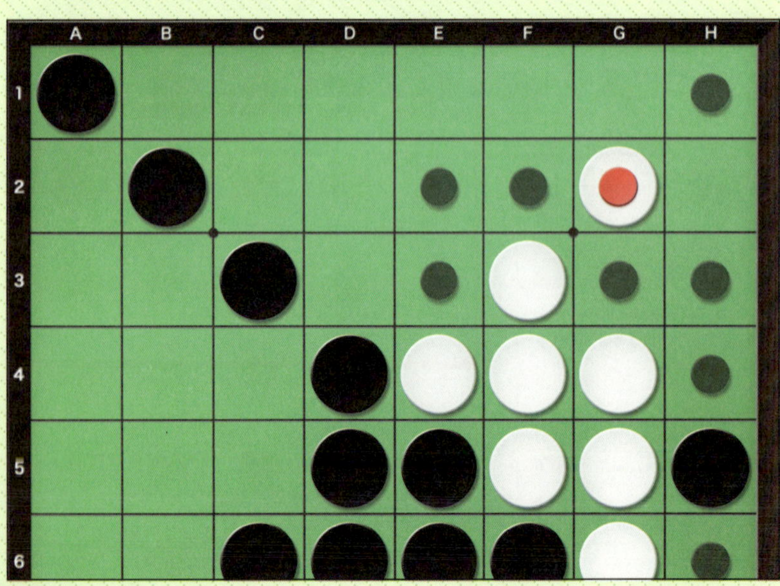

最新AIとオセロで対戦できるアプリです。強さのレベルは30段階用意されています。2人対戦もできます

みんなの囲碁 DeepLearning

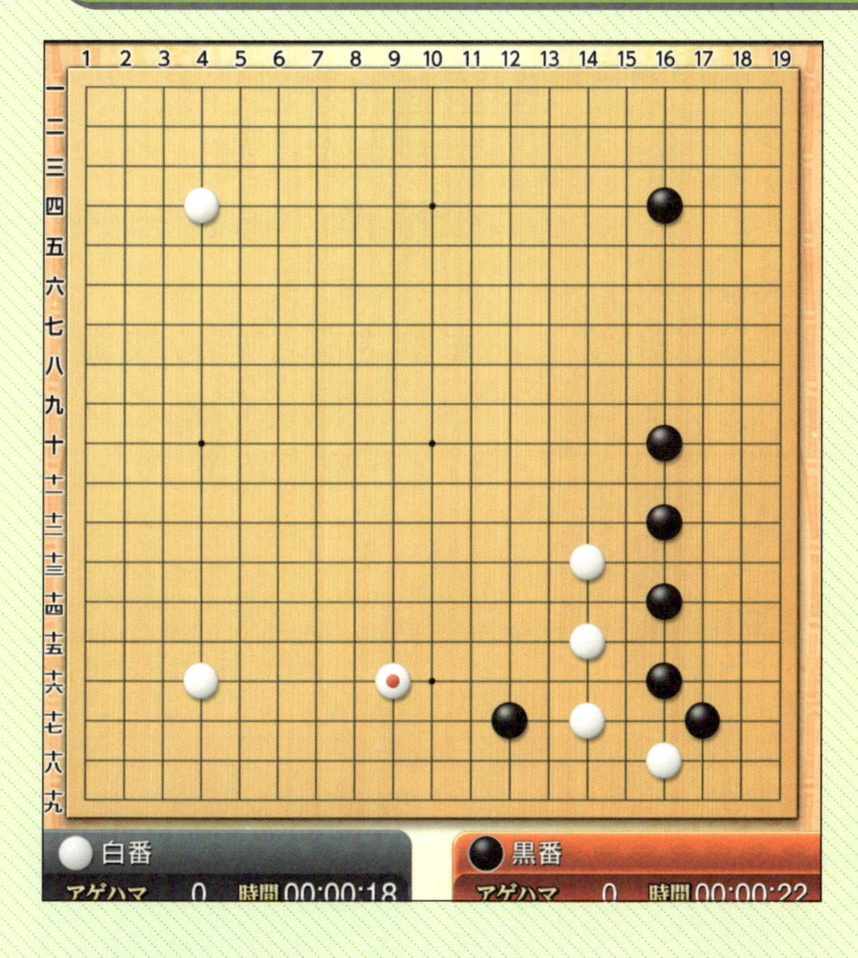

最新AIと囲碁で対戦できるアプリです。
9路盤、13路盤、19路盤に対応しています。
2人対戦もできます

太鼓の達人プラス

画面をタップして遊ぶ音楽リズムゲームです。
画面を横向きにして遊びます。
楽曲はつねに更新されており、難易度も選べます

次へ

7章 いろいろなアプリを楽しもう

143

アスファルト8：Airborne

画面を横にして、端末を左右に傾けながら操作するレースゲームです。
本物さながらの映像で、臨場感のあるプレイが楽しめます

© 2014 Gameloft. All Rights Reserved. All manufacturers, cars, names, brands and associated imagery are trademarks and/or copyrighted materials of their respective owners.

実況パワフルプロ野球

オリジナルの選手を育成したり、タップ操作で試合をしたりできるゲームです。
育てた野球選手は全国のプレイヤーと戦えます

阪神甲子園球場公認　ゲーム内に再現された球場内看板は、原則として2016年のデータを基に制作しています。
© Konami Digital Entertainment

みんゴル

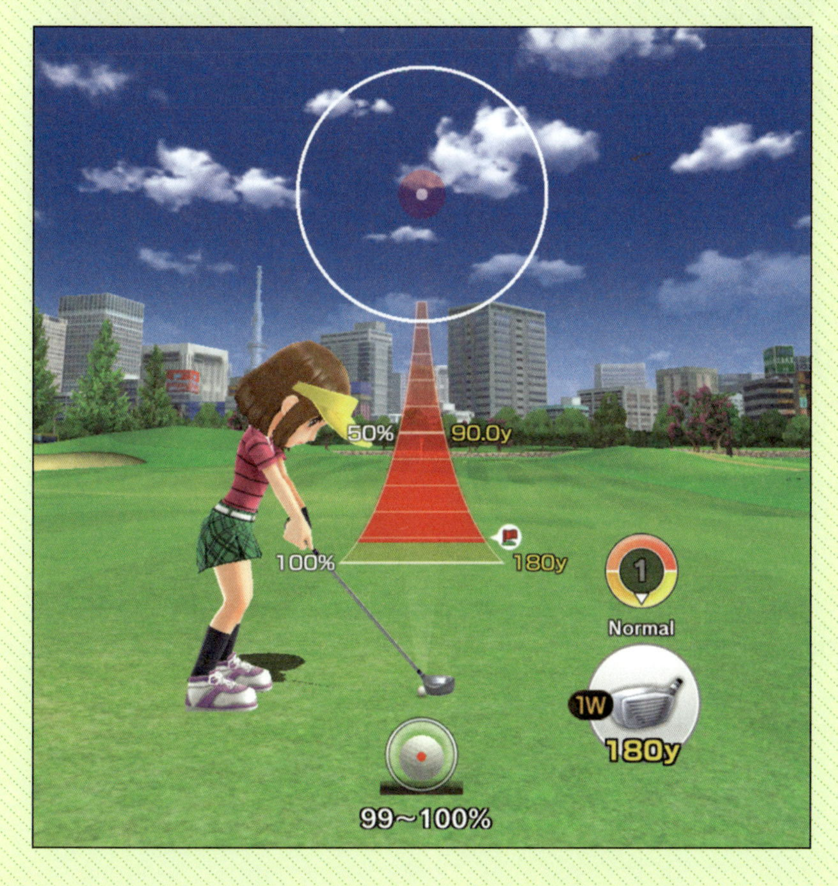

「みんなでGOLF」がiOSアプリに登場! 画面中央のサークルをタップしてひっぱって離すとショットが打てるゴルフゲームです。
キャラクターを育てて全国のプレイヤーと対戦できます

© Sony Interactive Entertainment Inc.
© 2017 ForwardWorks Corporation
Developed by Drecom Co., Ltd.

パズル&ドラゴンズ

ドロップを動かしてかんたんに遊べるパズルゲームです。
仲間を育てたり、集めたり、いろいろ楽しめます

© GungHo Online Entertainment, Inc. All Rights Reserved.

おわり

iPadの初期設定を行う　付録1

iPadを購入したら、まずは初期設定をしっかりと行いましょう。なお、Wi-Fiやパスコードなど、初期設定の内容は、「設定」アプリであとから変更することができます。

1 iPadの電源を入れ、ホームボタン◯を押します

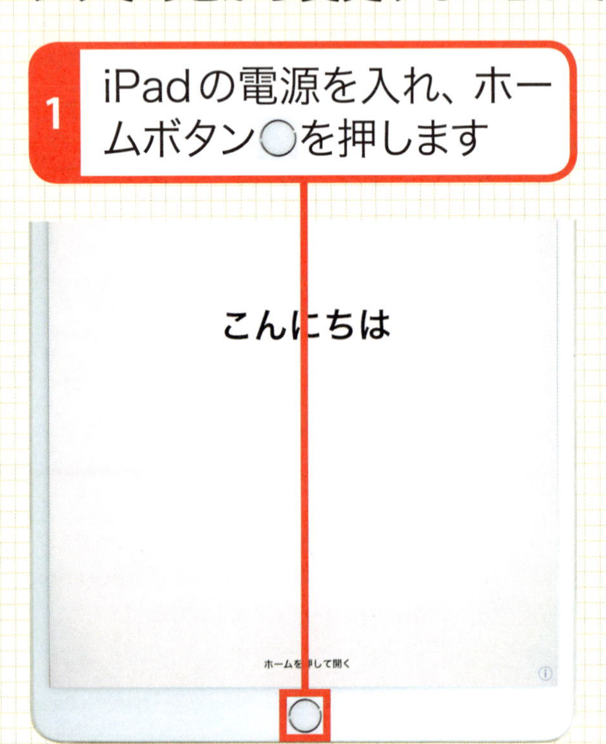

2 ＜日本語＞→＜日本＞→＜手動で設定＞をタップします

3 使用するキーボードをタップしてチェックを付け、＜次へ＞をタップします

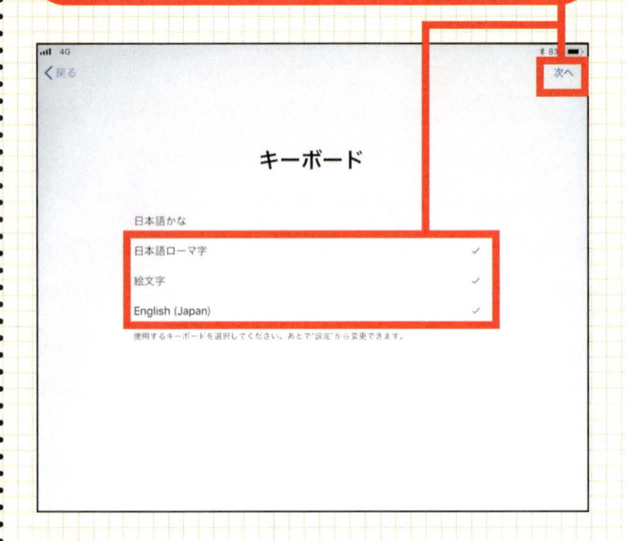

4 Wi-Fiネットワークをタップして選択し、パスワードを入力して＜接続＞をタップします

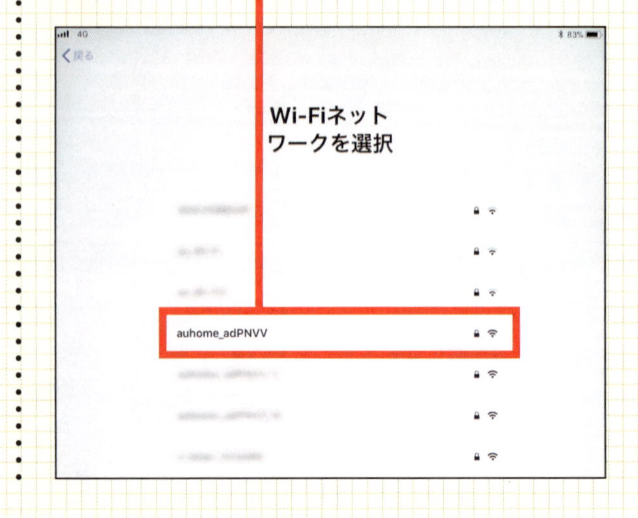

5 <次へ>→<続ける>をタップします

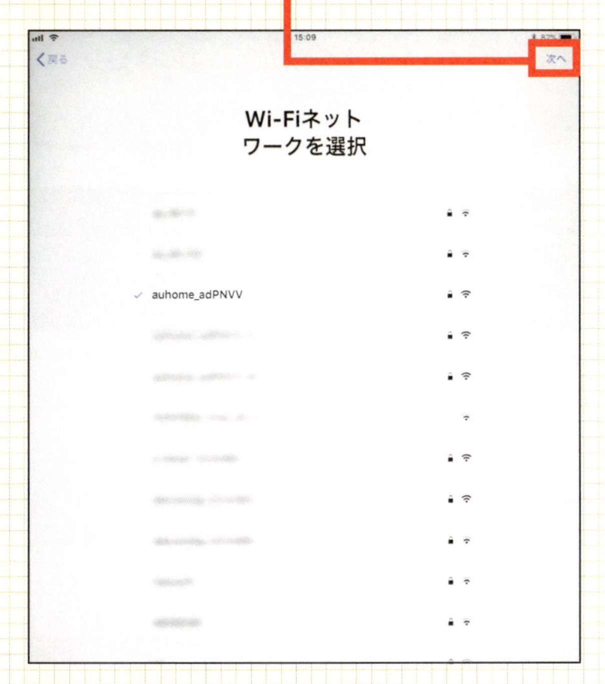

6 <Touch IDを後で設定>→<使用しない>をタップします

7 6桁のパスコードを2回入力します

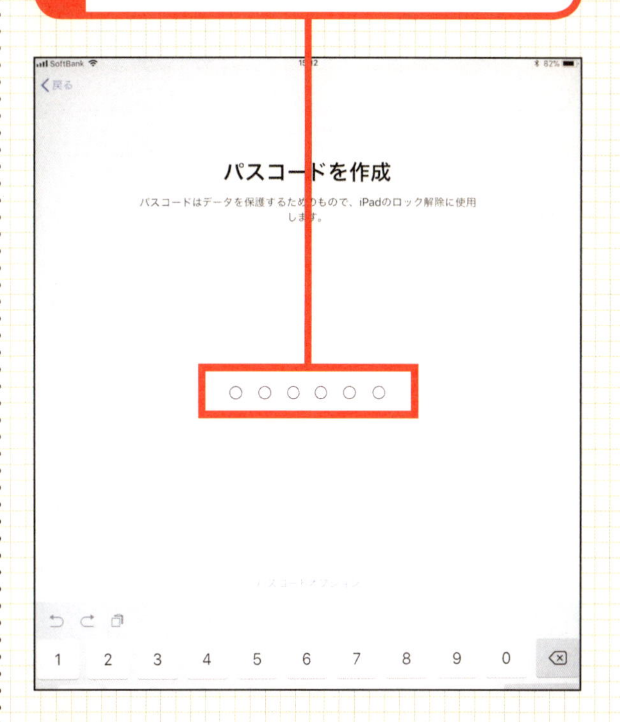

8 <新しいiPadとして設定>→<パスワードをお忘れかApple IDをお持ちでない場合>をタップします

! バックアップを利用する場合は、<○○バックアップから復元>をタップします

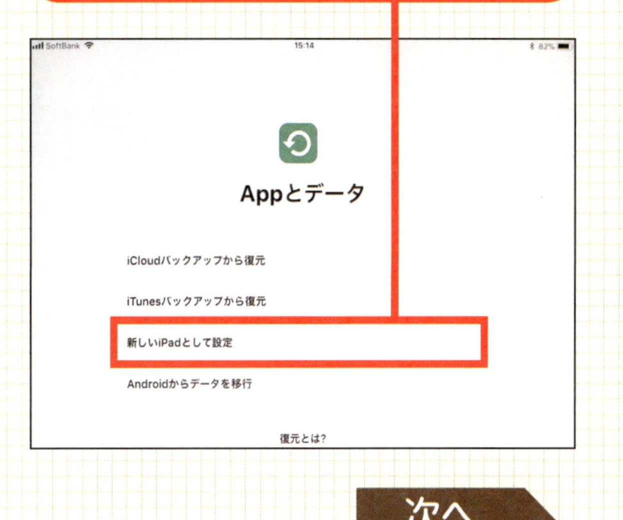

次へ

9 ＜“設定”であとで設定＞→＜使用しない＞をタップします

10 ＜同意する＞→＜続ける＞をタップします

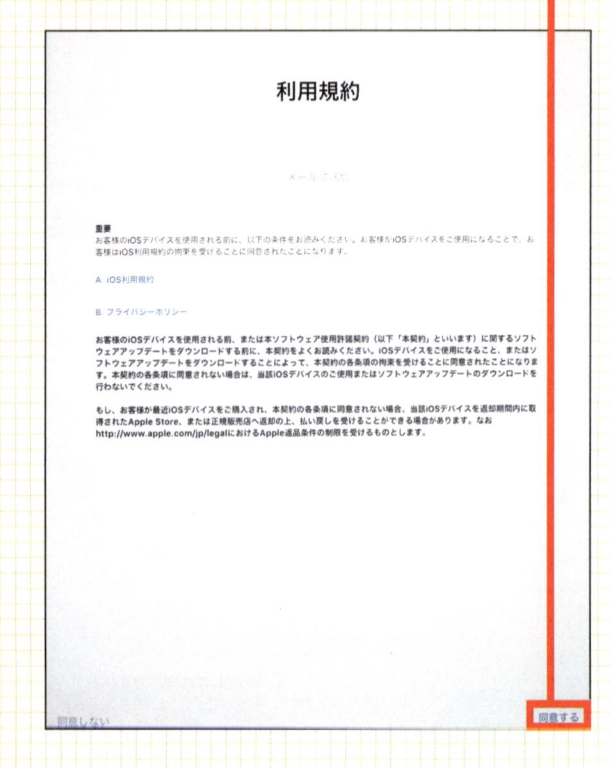

11 ＜“設定”であとで設定＞→＜Appデベロッパと共有＞→＜続ける＞→＜続ける＞→＜続ける＞をタップします

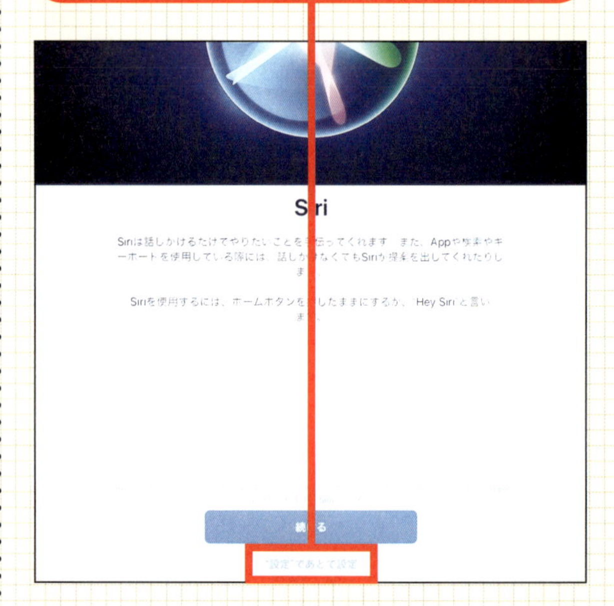

12 ＜さあ、はじめよう！＞をタップすると、設定が完了します

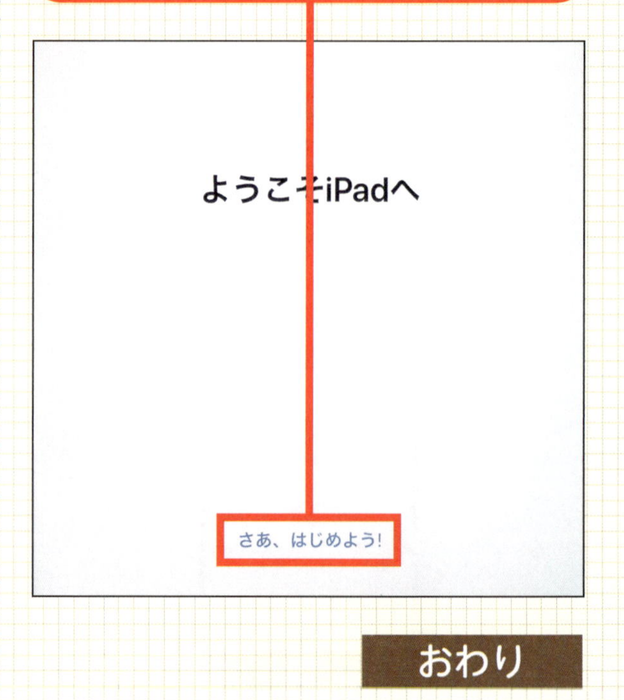

おわり

Apple IDを作成する　付録2

iPadにアプリを入れたり、iCloud（アイクラウド）を利用するには、Apple ID（アップルアイディー）の取得が必要です。初期設定が完了したら、今度はApple IDを作成しましょう。

1 ホーム画面で<設定>のアイコンをタップします

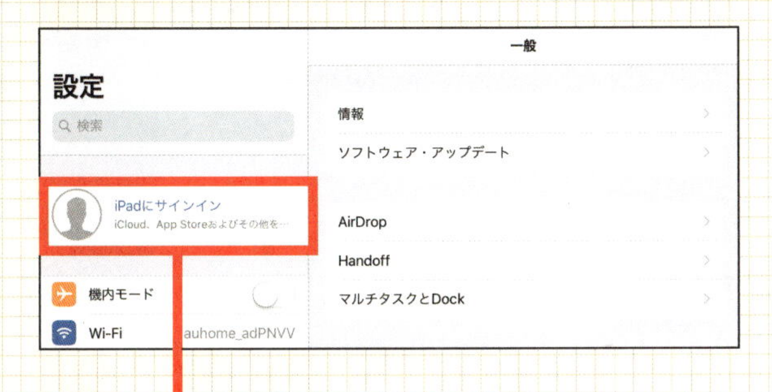

2 <iPadにサインイン>→<Apple IDをお持ちでないか忘れた場合>→<Apple IDを作成>をタップします

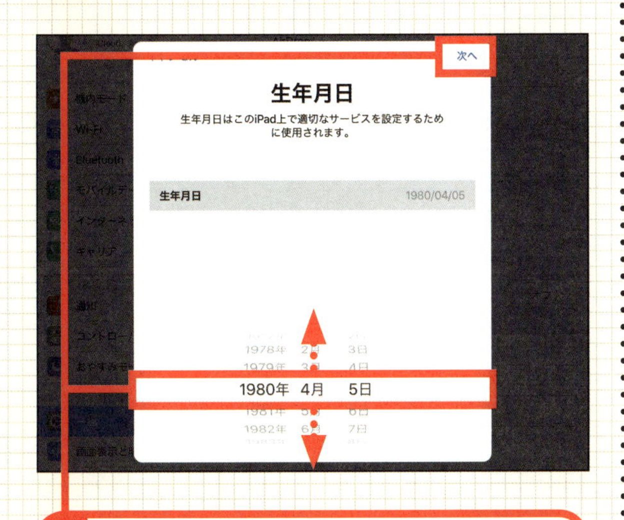

3 生年月日を上下にスワイプして選択し、<次へ>をタップします

4 名前を入力して、<次へ>をタップします

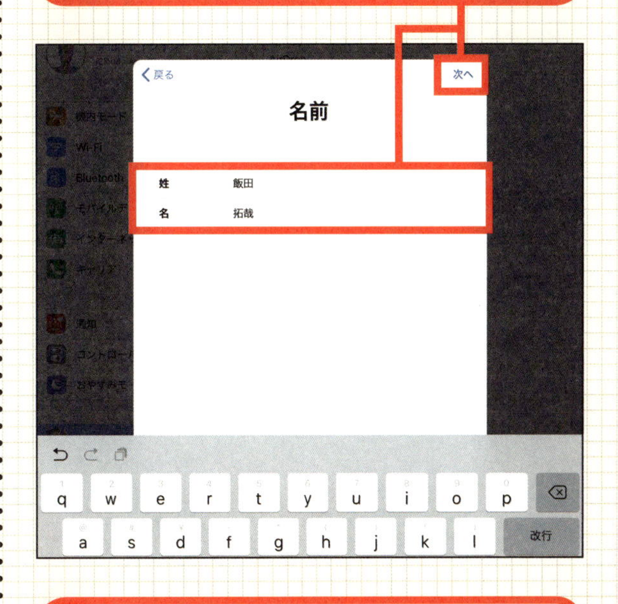

5 <無料のiCloudメールを取得>をタップします

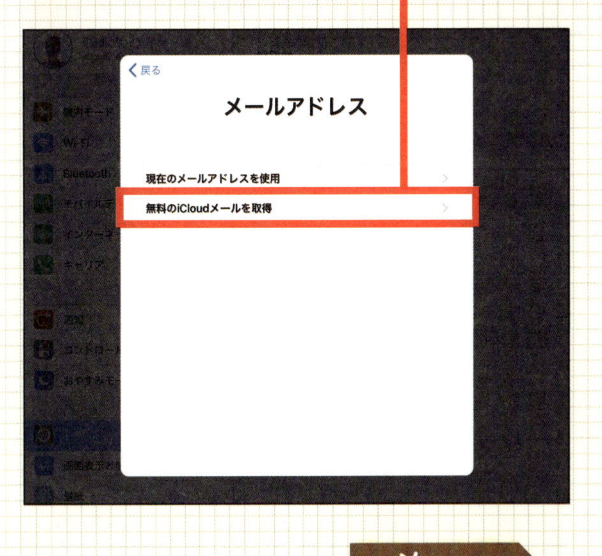

次へ

6 希望するiCloudメールアドレスを入力します

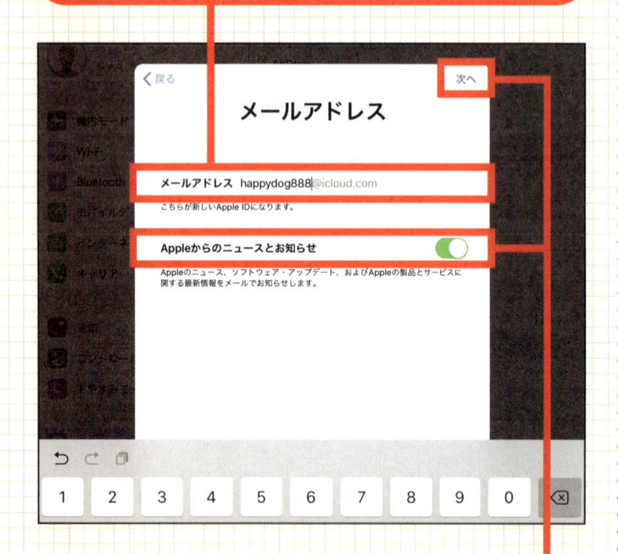

7 Appleからメールで通知を受けてもよい場合は「Appleからのニュースとお知らせ」を にして、<次へ>をタップします

8 <続ける>をタップします

9 パスワードを2回入力し、<次へ>をタップします。パスワードは忘れないように、必ずメモしておきましょう

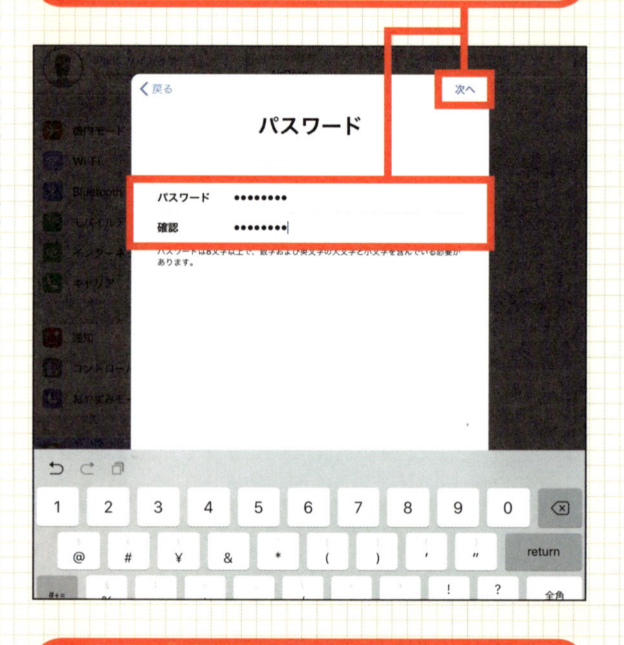

10 本人確認用の電話番号を入力し、<次へ>をタップします

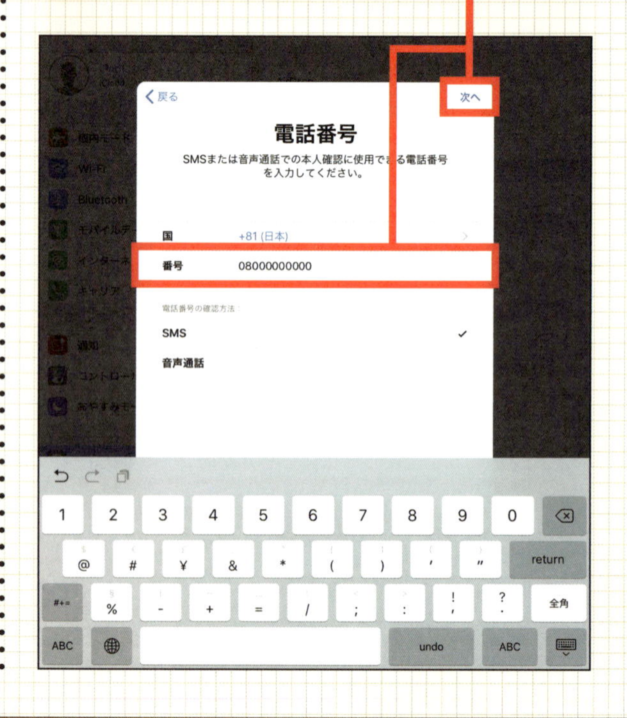

11 電話番号に送信された6桁の確認コードを入力します

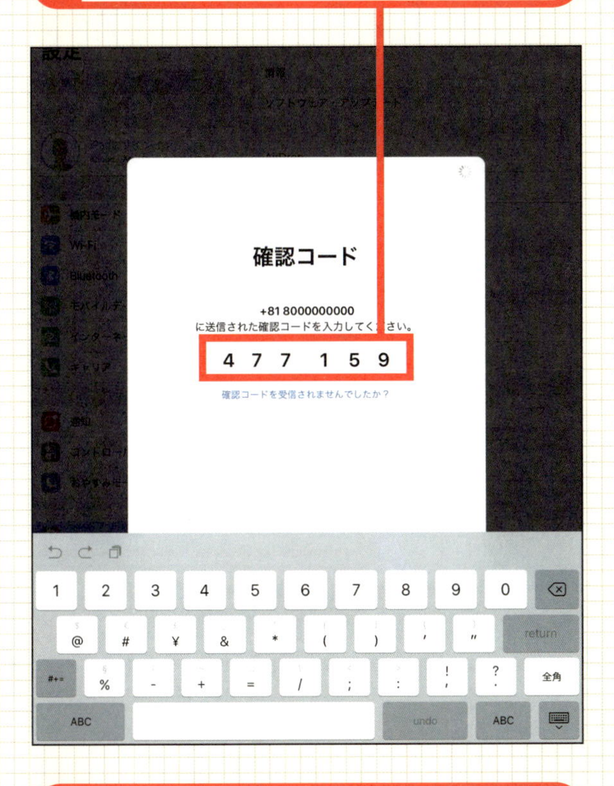

12 利用規約を読み、＜同意する＞をタップします

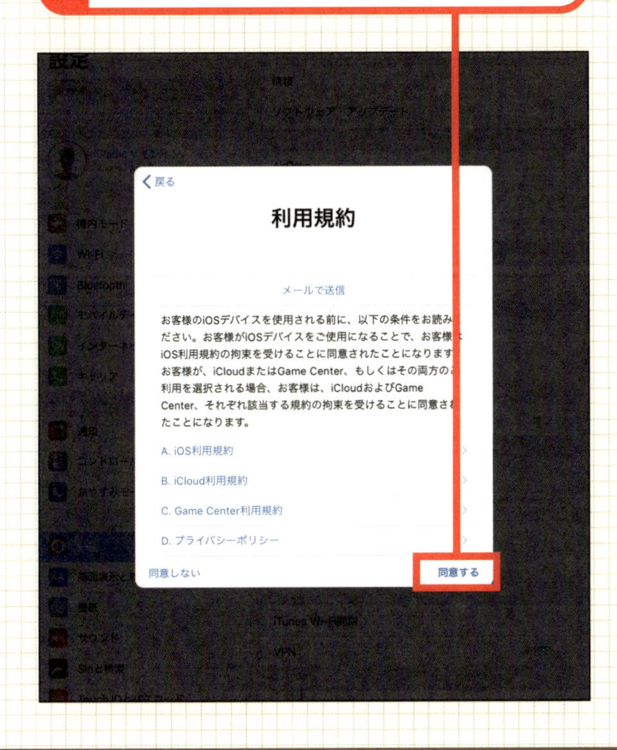

13 ＜同意する＞をタップすると、Apple IDの作成が完了します

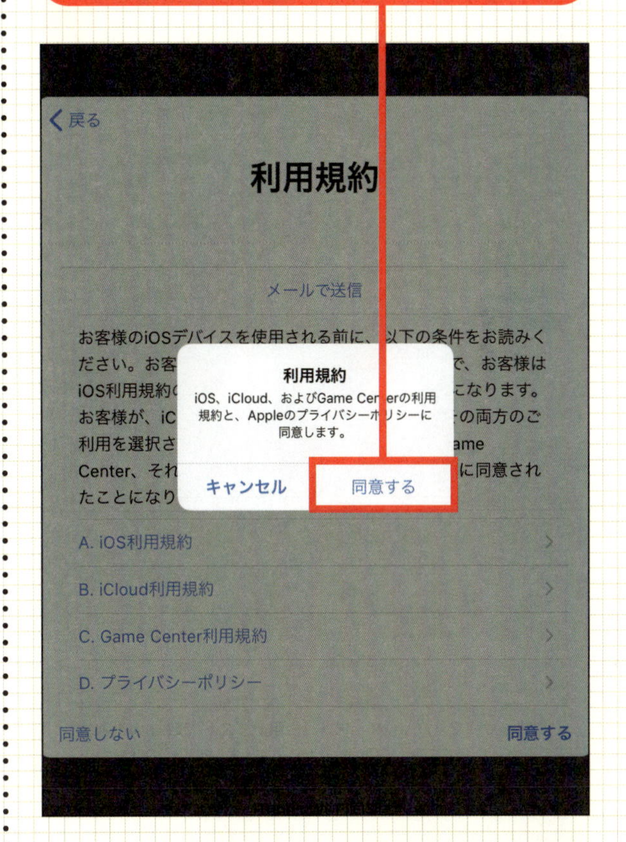

Column 電話番号による本人確認

手順**10**～**11**の本人確認では、SMSが利用できる端末（スマートフォンや携帯電話）での手順を解説しています。固定電話などSMSが利用できない電話の場合は、手順**10**の画面で電話番号を入力し、＜音声通話＞→＜次へ＞をタップし、音声通話で本人確認を行います。

おわり

付録

FaceTimeを設定する　付録3

第6章で紹介したFaceTimeを利用するには、あらかじめApple IDを設定しておく必要があります。このApple IDを、FaceTimeの連絡先として使用します。

1 ホーム画面で＜設定＞のアイコンをタップします

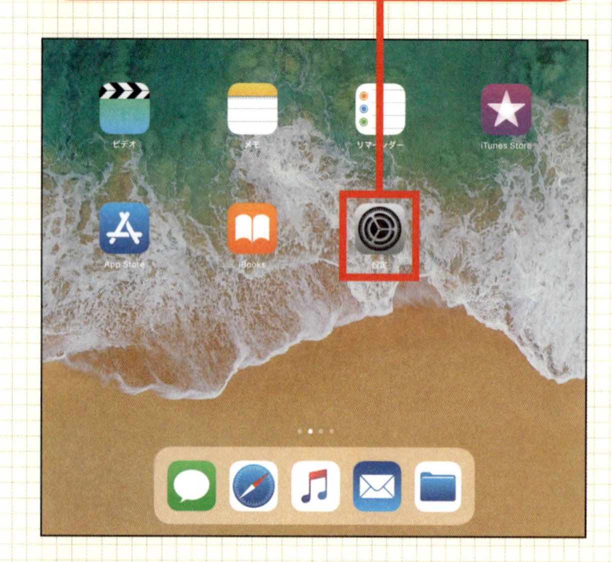

2 ＜FaceTime＞をタップします

3 付録2で作成したApple IDとパスワードを入力して、＜サインイン＞をタップします

4 「FaceTime」が となり、利用できるようになります

おわり

iPadをアップデートする　付録4

iPadは「iOS（アイオーエス）」というシステムで作動しています。iOSにアップデートがある場合は、「設定」アプリからアップデートを完了させましょう。

1 ホーム画面で<設定>のアイコンをタップします

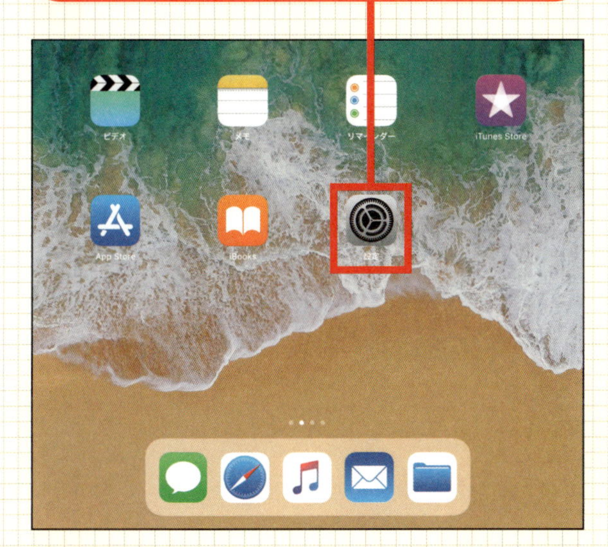

2 <一般>→<ソフトウェア・アップデート>をタップします

3 <ダウンロードとインストール>→<同意する>をタップします

4 <同意する>→<今すぐインストール>をタップしてしばらく待つと、アップデートが完了します

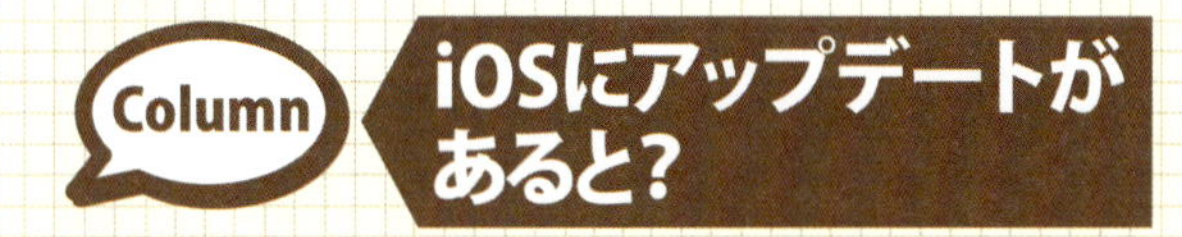

iOSにアップデートがあるとホーム画面の「設定」アプリアイコンの右上に通知が表示されるので、すぐに確認できます。

おわり

メールアカウントを設定する 付録5

iPadの「メール」アプリでは、複数のメールサービスを利用できます。ここではプロバイダーメールのアカウントを設定する手順を解説します。

1 ホーム画面で<設定>のアイコンをタップします

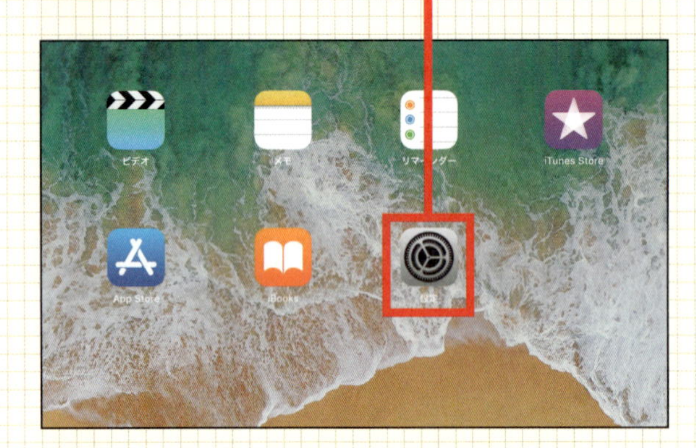

2 <アカウントとパスワード>をタップします

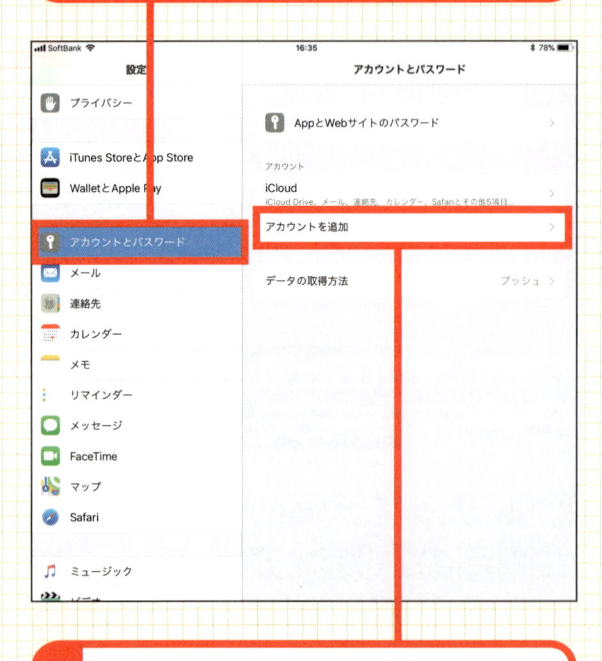

3 <アカウントを追加>をタップします

4 <その他>をタップします

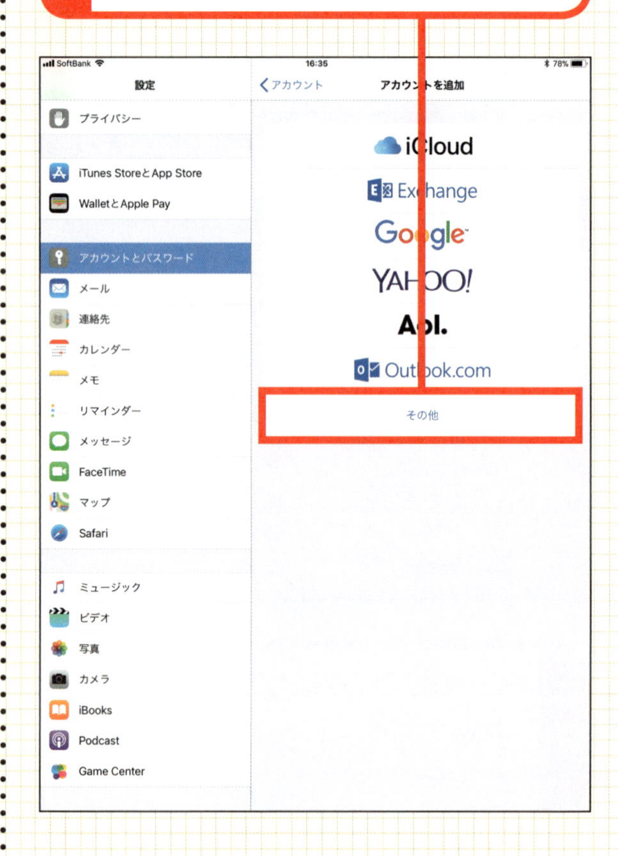

Column 無料メールサービスを利用する

GmailやYahoo!メールなどといった無料メールサービスを利用する場合は、手順4で各サービス名をタップして、メールアドレスとパスワードを入力するだけで設定を完了できます。

5 ＜メールアカウントを追加＞をタップします

6 メールアドレスやパスワードなどを入力します

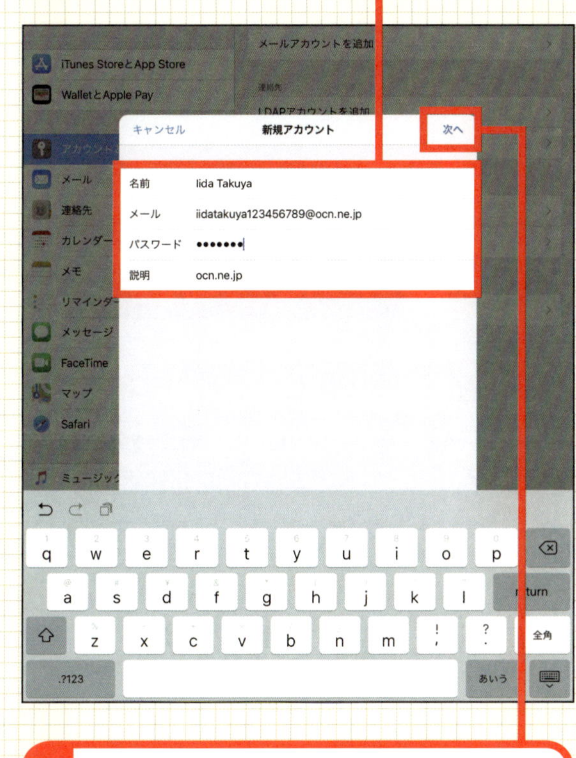

7 入力が終わったら、＜次へ＞をタップします

8 使用しているサーバをタップします

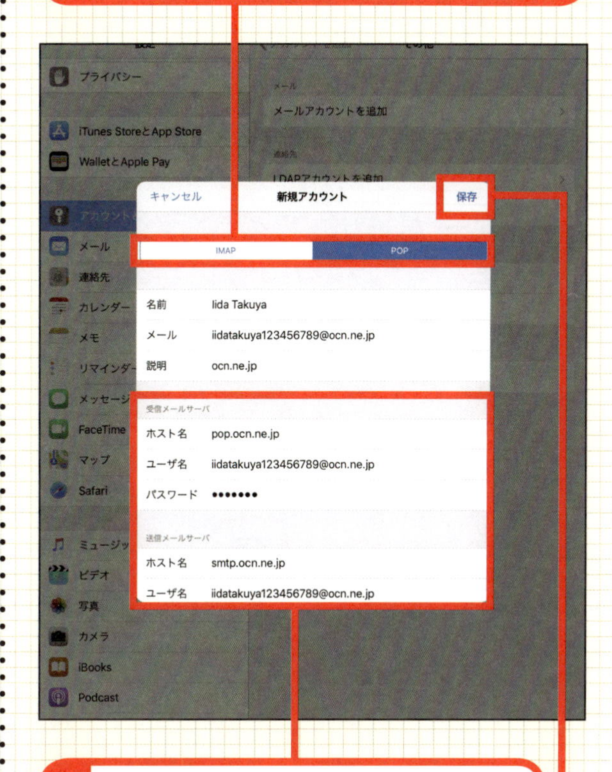

9 「受信メールサーバ」と「送信メールサーバ」の情報を入力します

10 ＜保存＞をタップすると、設定が完了します

アカウント情報がわからない

受信メールサーバや送信メールサーバの情報については、契約しているプロバイダーから送付された書類に記載されています。確認してみましょう。

おわり

Wi-Fiでインターネットに接続する　付録6

iPadの利用には、Wi-Fiネットワークを通じたインターネット接続が必要です。ここではWi-Fiへの接続方法を解説します。また、機内モードの使い方も覚えておきましょう。

1 ホーム画面で<設定>のアイコンをタップします

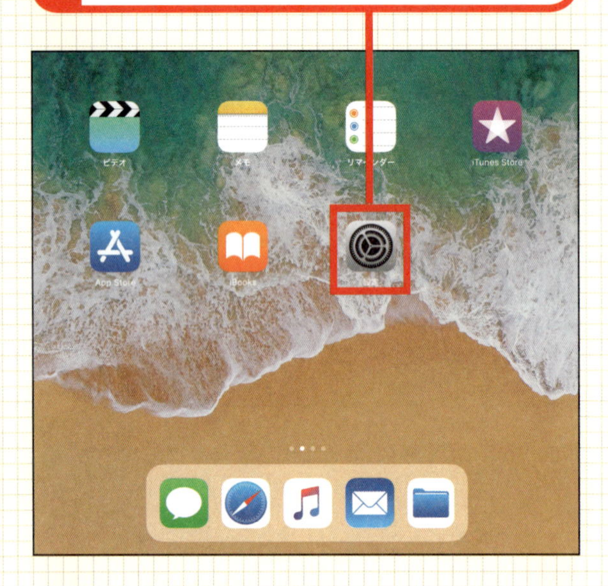

2 <Wi-Fi>をタップします

3 　をタップして　に切り替えます

Column 機内モードって何？

手順**2**の画面で「機内モード」の　をタップして　に切り替えると、一時的に無線通信をオフにできます。飛行機や病院でiPadを使用したいときに便利な機能です。

4 接続したいWi-Fiをタップします

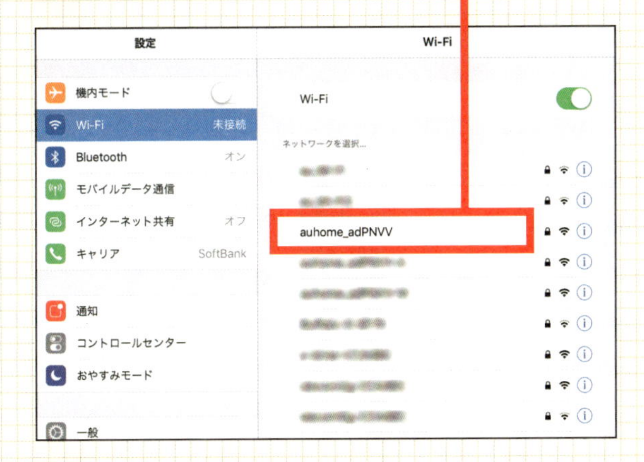

5 パスワードを入力します

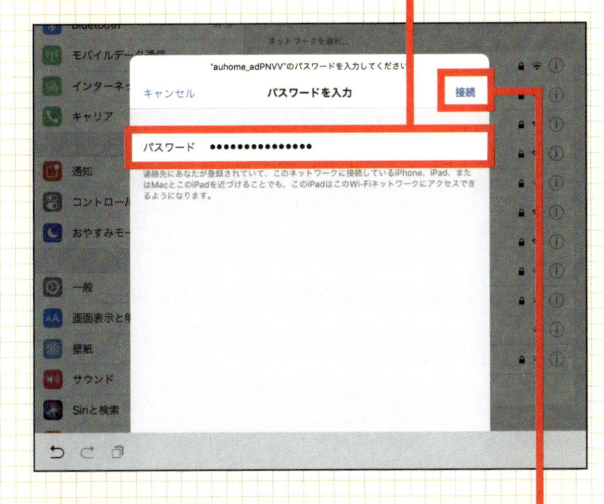

6 <接続>をタップします

Column Wi-Fiの名前とパスワード

接続に必要なWi-Fiネットワークの名前やパスワードは、ルーターの取扱説明書や、公衆無線LANを提供している会社のWebサイトなどから確認できます。

7 Wi-Fiに接続されます

8 接続中はステータスバーに が表示されます

おわり

付録

INDEX 索引

な 行

は 行

ま 行

や・ら 行

お問い合わせについて

本書に関するご質問については、本書に記載されている内容に関するもののみとさせていただきます。本書の内容と関係のないご質問につきましては、一切お答えできませんので、あらかじめご了承ください。また、電話でのご質問は受け付けておりませんので、必ずFAXか書面にて下記までお送りください。
なお、ご質問の際には、必ず以下の項目を明記していただきますようお願いいたします。

1 お名前
2 返信先の住所またはFAX番号
3 書名
(大きな字でわかりやすい iPad アイパッド超入門
[改訂2版])
4 本書の該当ページ
5 ご使用の機種とOSのバージョン
6 ご質問内容

なお、お送りいただいたご質問には、できる限り迅速にお答えできるよう努力いたしておりますが、場合によってはお答えするまでに時間がかかることがあります。また、回答の期日をご指定なさっても、ご希望にお応えできるとは限りません。あらかじめご了承くださいますよう、お願いいたします。
ご質問の際に記載いただいた個人情報はご質問の返答以外の目的には使用いたしません。また、返答後はすみやかに破棄させていただきます。

■お問い合わせの例

FAX

1 **お名前**
技術　太郎

2 **返信先の住所またはFAX番号**
03-XXXX-XXXX

3 **書名**
大きな字でわかりやすい
iPad アイパッド超入門[改訂2版]

4 **本書の該当ページ**
72ページ

5 **ご使用の機種とOSのバージョン**
iPad Pro
iOS 11.3

6 **ご質問内容**
手順3で「カメラロール」が
表示されない

大きな字でわかりやすい
iPad アイパッド超入門[改訂2版]

2016年3月10日　初版　第1刷発行
2018年5月13日　第2版　第1刷発行

著　者●リンクアップ
発行者●片岡　巌
発行所●株式会社　技術評論社
東京都新宿区市谷左内町21-13
電話　03-3513-6150　販売促進部
03-3513-6160　書籍編集部
カバーデザイン●山口　秀昭(Studio Flavor)
イラスト/本文デザイン●イラスト工房(株式会社アット)
編集/DTP●リンクアップ
担当●鷹見　成一郎
製本/印刷●大日本印刷株式会社

定価はカバーに表示してあります。

ISBN978-4-7741-9691-6 C3055
Printed in Japan

問い合わせ先

〒162-0846
東京都新宿区市谷左内町21-13
株式会社技術評論社　書籍編集部
「大きな字でわかりやすい iPad アイパッド超入門
[改訂2版]」質問係
FAX番号　03-3513-6167

URL：http://book.gihyo.jp